지역별 내재해 규격 적용 목록

농촌진흥청 국립농업과학원

Jinhan M&B

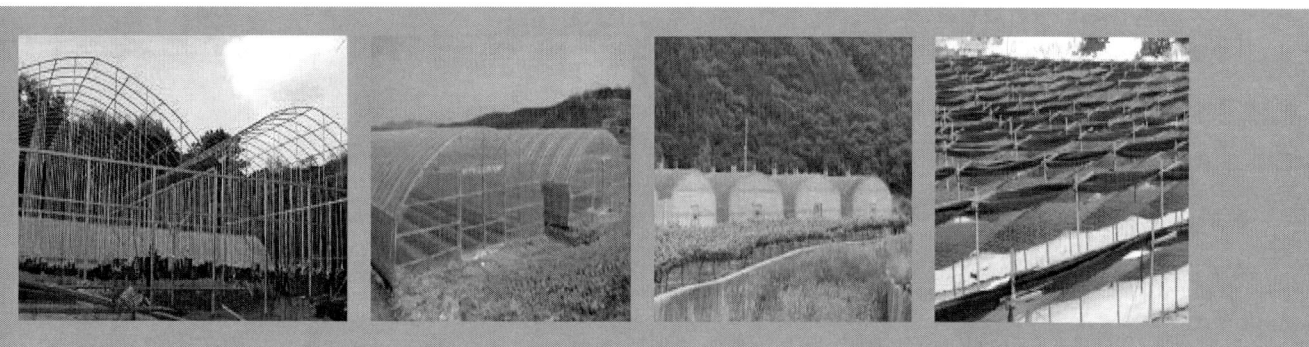

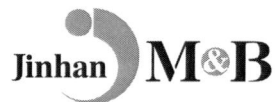

차 례

I. 원예·특작시설 내재해형 기준 ·· 1
1. 추진경위 및 내재해 기준 운영계획 ······································ 3
2. 지역별 내재해 설계기준 적설심 및 풍속 ······························ 6
3. 내재해형 규격인정 기준 ·· 8
4. 내재해형 비닐하우스시설 규격 ·· 8
5. 내재해형 간이버섯재배사 규격 ··· 15
6. 내재해형 인삼재배시설 규격 ·· 16
7. 민간전문업체 개발 내재해형 규격시설 ······························· 19
8. 비닐하우스 구조용 파이프 KS 규격 개정 ··························· 20
9. 내재해형 원예특작시설용 결속조리개의 강도기준 및 시험방법 ········ 21
10. 기존 표준규격시설 ·· 25
11. 부록 ··· 28

II. 지역별 내재해 규격 적용 목록 ··································· 31
1. 특·광역시 ·· 33
2. 강원도 ··· 47
3. 경기도 ··· 67
4. 경상남도 ·· 101
5. 경상북도 ·· 123
6. 전라남도 ·· 149
7. 전라북도 ·· 173
8. 충청남도 ·· 189
9. 충청북도 ·· 207
10. 제주도 ·· 221

Ⅰ. 원예·특작시설 내재해형 기준
(농림축산식품부고시 제2014-78호)

2014. 7. 24.

농림축산식품부고시 제2014-78호

자연재해대책법 제3조(책무), 제20조(내풍설계기준의 설정), 제26의4(내설설계기준의 설정)에 따라 「원예.특작시설 내재해형 기준」(농림축산식품부 고시 제2013-146호, 2013.10.7)을 다음과 같이 일부 개정하여 고시합니다.

2014년 7월 24일
농림축산식품부장관

원예.특작시설 내재해형 기준 고시 개정

1. 추진 경위 및 내재해 기준 운영계획

■ 추진배경 및 경위

- 대설, 강풍 등 기상재해로 인한 **원예특작시설부문의** 경제적 손실 등을 최소화하기 위해 **원예특작시설 내재해형 기준을 마련('07.4)하여** 운용해 오고 있음

  - 지난 4차 개정이후 운용과정에서 나타난 미비점 및 국회, 지자체, 농업인, 민간업체 등의 의견을 수렴하여 원예특작시설의 **재해경감을 도모코자 함**

    * 1차(제정) : 농림부 고시 제2007-19호('07.4.10), 2차(개정): 농림부 고시 제2007-64호('07.9.28), 3차(개정) : 농림수산식품부 고시 제2008-76호('08.8.26), 4차(개정) : 농림수산식품부 고시 제2010-128호('10.12.7), 5차(개정) : 농림축산식품부 고시 제2013-146호('13.10.7)

    * **고시사항** : 원예특작시설 내재해형 기준(비닐하우스·간이버섯재배사·인삼시설의 내재해형 규격시설 제원, 설계도·시방서는 농촌진흥청 홈페이지(http://www.rda.go.kr)에 게재)

● <u>6차 개정고시 주요사항</u>

- **지역별 내재해 설계기준 적설심 및 풍속** 자료 개선(최근 기상자료 반영 개선 및 급간 세분화)
- **결속조리개 강도 시험방법** 추가
- 10-연동-1형의 천장환기방식을 변경한 **연동형 비닐하우스 1종(10-연동-2형) 추가**
- 토마토 재배가 가능한 **연동형 비닐하우스 1종(12-연동-1형) 추가**
- 고추 비가림 **단동비닐하우스 1종(12-단동-1형) 추가**
- 보온재 외피복 **광폭비닐하우스 6종(13-광폭(보온재)-1~6형) 추가**
- 생력화형 **철재 인삼재배시설 1종 추가**
- **목재 인삼재배시설 규격 개선** : (기존) 6종 → (개선) 15종
  .기존 규격(A형 4종, B형 2종)을 모두 폐지하고, 유통목재의 변화 및 현장요구를 반영하여 A형 5종, B형 5종, C형 5종으로 대체 및 추가

◻ 내재해 기준 지정·운용계획

● 내재해형 규격시설 중심으로 재해지원 체계 운용 및 신규·재설치 시설 지원하여 내재해형 시설기반 체제 구축

● 내재해형 규격시설의 재해복구단가는 실소요액 수준으로 지원

※ 내재해형 규격시설 재해복구 고시단가는 불가항력적인 이상기상 등에 의해 발생할 수 있는 재해에 대비한 예비적 성격의 단가임

● 온실 등 내재해형 규격시설은 풍수해보험, 농작물재해보험 가입 권장

● 기존 규격시설(내재해형으로 미지정된 기존 표준규격 시설)은 내구연한 범위(2016년)내에서 '06년 재해복구단가로 한시적으로 지원

- 단, 내재해형 규격시설로 지정된 후, 개정고시하는 과정에서 폐지된 규격시설은 폐지년도 재해복구 고시단가로 지원

● 비규격 시설은 재해복구 및 농업종합자금지원사업 등 지원대상에서 제외

- 시설별 자재소요내역 및 시설단가는 (사)한국농업시설협회(http://www.akaf.or.kr) 기준 참조

- 민간규격에 대한 상시 규격지정체계 운용

  - 시설 전문기관(구조기술사 사무소) 구조해석을 거쳐 지역별 내재해 설계 적설심 및 풍속강도 기준을 상회하는 시설을 제안하는 경우 심사 등을 거쳐 규격 시설로 지정

- 본 개정고시의 지역별 설계기준 적설심 및 풍속 기준에 따라 기존 규격 시설을 적용할 수 없는 경우에는 2015년까지 기존의 지역별 설계기준 적설심 및 풍속을 적용

2. 지역별 내재해 설계기준 적설심 및 풍속

● 지역별 설계기준 적설심(30년 빈도)

적설기준 (㎝)	강원도	경기권 (서울, 인천)	경상권 (부산, 울산, 대구)	전라권 (광주)	충청권 (대전, 세종)	제주도
20	-	-	거제, 고성, 김해, 남해, 미산, 밀앙, 사천, 양산, 울산, 의령, 진주, 진해, 창녕, 창원, 통영, 하동, 함안, 울주, 경산, 경주, 대구, 영천, 의성, 청도, 포항	고흥, 광양, 보성, 여수, 완도	-	고산, 서귀포, 제주
22	철원	강화, 포천, 동두천	안동, 고령, 군위, 합천, 청송, 칠곡	순천, 장흥, 해남, 강진, 진도	-	성산
24	-	가평, 고양, 구리, 군포, 과천, 광명, 광주, 남양주, 부천, 김포, 성남, 시흥, 수원, 안산, 안양, 양평, 양주, 의정부, 의왕, 오산, 연천, 용인, 하남, 화성, 파주	부산, 구미, 성주, 산청, 봉화, 영양	구례	-	-
26	원주	서울, 안성, 인천, 옹진, 여주, 평택	예천	전주, 완주	금산, 단양, 부여, 보령, 아산, 예산, 홍성, 청양, 천안, 충주, 제천	-
28	화천	이천	김천, 영주	영암, 익산, 곡성	논산, 공주, 당진, 음성, 태안	-
30	인제, 영월, 양구, 홍천	-	거창, 상주, 함양	화순, 남원, 무주, 신안	서산, 대전, 세종, 영동, 옥천, 괴산, 진천	-
32	춘천	-	추풍령	목포	계룡, 보은, 서천, 증평	-
34	횡성	-	문경, 영덕	군산, 나주, 진안	청주, 청원	-
36		-		광주, 무안, 순창, 함평	-	-
38		-	울진	장수	-	-
40 이상	속초, 대관령, 강릉, 동해, 삼척, 태백, 평창, 고성, 정선, 양양	-	울릉	담양, 김제, 영광, 임실, 장성, 부안, 정읍, 고창	-	-

● 지역별 설계기준 풍속(30년 빈도)

풍속기준 (㎧)	강원도	경기권 (서울, 인천)	경상권 (부산, 울산, 대구)	전라권 (광주)	충청권 (대전, 세종)	제주도
22	홍천	-	-	-	-	-
24	횡성	여주, 이천	봉화	순천	보은, 금산	-
26	삼척, 원주	광주, 안성, 양평, 오산, 용인, 평택	의성, 거창, 함양	구례, 곡성, 남원, 무주, 순창, 임실, 장수, 정읍, 진안	괴산, 음성, 제천, 증평, 진천, 충주	-
28	인제, 태백	강화, 과천, 구리, 군포, 남양주, 성남, 수원, 안양, 연천, 의왕, 하남	경산, 고령, 군위, 대구, 문경, 산청, 안동, 합천	부안	공주, 논산, 부여, 아산, 세종, 영동, 옥천, 천안, 청원, 청주	-
30	양구, 영월, 평창	서울, 가평, 고양, 광명, 동두천, 안산, 양주, 의정부, 파주, 포천, 화성	거제, 밀양, 상주, 성주, 영양, 영천, 예천, 청도, 청송, 창녕, 칠곡	고창, 김제, 담양, 보성, 완주, 익산, 장흥, 전주	단양, 예산, 청양	-
32	철원, 춘천, 화천	김포, 부천, 시흥	구미, 경주, 김천, 영주, 울주, 울산, 진주, 의령, 하동, 추풍령	고흥, 광주, 영암, 장성, 화순	계룡, 당진, 대전, 홍성	-
34	정선	인천, 옹진	김해, 남해, 사천, 영덕, 양산, 진해, 창원, 함안, 포항	강진, 광양, 나주, 무안, 영광, 함평, 해남	보령, 서산, 태안	-
36	-	-	마산, 부산	목포	서천	-
38	동해, 강릉	-	고성	군산, 신안	-	성산
40 이상	고성, 양양, 대관령, 속초	-	통영, 울릉, 울진	진도, 여수, 완도	-	제주, 고산, 서귀포

3. 내재해형 규격인정 기준

● 내재해형 규격시설은「지역별 내재해 설계기준 적설심 및 풍속」에 의한 해당 지역별 기준강도 이상인 시설에 한하여 인정함(시설 전문기관(구조기술사 사무소)의 구조해석을 거쳐 지역별 내재해 설계강도 기준에 맞게 시설을 설치한 것을 입증하는 경우에 대해서는 내재해형 규격으로 인정)

4. 내재해형 비닐하우스시설 규격 : 35종
(연동 5종, 단동 19종, 과수 3종, 광폭 8종)

● 연동비닐하우스(5종)

규격명	폭 (m)	측고 (m)	높이 (m)	서까래, 기둥, 중방 φ(mm)×t(mm)@cm	가로대, 곡부보 φ(mm)×t(mm)	설계강도 적설심 (cm)	설계강도 풍속 (m/s)	비고
07-연동-1 (1-2W형)	7.0	2.8	4.7	주서까래 : φ31.8×1.7t@300 (보조서까래 : φ31.8×1.5t@60) 기둥 : □60×60×2.3t@300 중방 : □60×60×2.1t@300	가로대 : 9개(φ25.4×1.5t) 곡부보 : □60×60×3.2t	53	40	농촌진흥청
08-연동-1 (2스팬 벤로형)	8.0	4.5	5.7	서까래 : φ25.4×1.5t@60 기둥 : □75×75×2.3t@400 중방(상·하현재) : □50×30×2.3t@400	가로대 : 6개(φ25.4×1.5t) 곡부보 : □75×75×2.3t	57	36	〃
10-연동-1 (1-2W형, 권취식 천창개폐)	8.0	5.4	7.4	주서까래 : φ59.9×3.2t@300 (보조서까래 : φ19.1×1.2t@50) 기둥 : □75×75×2.3t@300 중방(상·하현재) : □60×40×2.3t@300	가로대 : 7개(φ48.1×2.3t) 곡부보 : □75×75×2.3t	55	40	〃
10-연동-2 (1-2W형 랙피니언식 천창개폐)					가로대 : 1개(□50×50×2.3t), 6개(φ48.1×2.3t), 1개(□50×30×2.3t) 곡부보 : □75×75×2.3t	55	40	〃
12-연동-1 (1-2W형)	7.0	4.5	6.5	주서까래 : φ59.9×2.3t@400 (보조서까래 : φ19.1×1.2t@50) 기둥 : □75×75×2.3t@400 중방(상·하현재) : □50×30×2.3t@400	가로대 : 1개(□50×50×2.3t), 6개(φ31.8×1.7t), 1개(□50×30×2.3t) 곡부보 : □75×75×2.3t	55	40	〃

※ 지역·작목 특성에 따라 불가피하게 시설높이 조정이 필요할 경우 높이 ±25cm 범위 내에서 조정시공 가능
※ 07-연동-1형 및 08-연동-1형에 방풍망(설계도 : 07-연동-1형-17) 설치 시 시설의 설계풍속 강도가 5m/s 수준 강화되는 것으로 인정

● 단동비닐하우스(19종)

규격명	폭 (m)	측고 (m)	동고 (m)	서까래 φ(mm)×t(mm)@cm	가로대 φ(mm)×t(mm)	설계강도		비 고
						적설심 (cm)	풍속 (m/s)	
07-단동- 1	5.0	1.2	2.6	φ25.4×1.5t@60	5개(φ25.4×1.2t)	50	35	농촌진흥청
07-단동- 2	6.0	1.7	3.3	φ31.8×1.5t@60	9개(φ25.4×1.5t)	50	35	〃
07-단동- 3	7.0	1.4	3.3	φ31.8×1.7t@60	9개(φ25.4×1.5t)	50	36	〃
07-단동- 4	8.0	1.5	3.6	φ31.8×1.7t@50	9개(φ25.4×1.5t)	48	37	〃
10-단동- 1	6.0	1.7	3.3	φ31.8×1.5t@60	5개(φ25.4×1.5t)	41	32	〃
10-단동- 2	7.0	1.4	3.3	φ31.8×1.7t@60	5개(φ25.4×1.5t)	42	35	〃
10-단동- 3	7.0	1.6	3.5	φ31.8×1.7t@60	5개(φ25.4×1.5t)	37	33	〃
10-단동- 4	8.2	1.6	3.9	φ31.8×1.7t@50	5개(φ25.4×1.5t)	41	35	〃
10-단동- 5	8.2	1.6	3.5	φ31.8×1.7t@50	5개(φ25.4×1.5t)	30	32	〃
10-단동- 6	7.6	1.7	3.7	φ31.8×1.5t@50	7개(φ25.4×1.5t)	28	39	〃
10-단동- 7	8.9	1.7	3.9	φ42.2×2.1t@90	7개(φ25.4×1.5t)	27	41	〃
10-단동- 8	7.6	1.7	3.7	φ42.2×2.1t@80	7개(φ25.4×1.5t)	25	33	〃
10-단동- 9	8.9	1.7	3.9	φ48.1×2.1t@70	7개(φ25.4×1.5t)	26	36	〃
10-단동-10	5.4	1.2	2.6	φ25.4×1.5t@80	3개(φ25.4×1.5t)	30	28	성주군 (농업기술센터)
10-단동-11	5.6	1.2	2.4	φ31.8×1.5t@100	3개(φ31.8, φ25.4)	29	27	〃
10-단동-12	5.6	1.2	2.4	φ25.4×1.5t@65	3개(φ25.4×1.5t)	27	27	〃
10-단동-13	5.8	1.3	2.6	φ31.8×1.5t@90	3개(φ31.8, φ25.4)	30	28	〃
07-단동-18	7.0	1.3	2.8	φ31.8×1.7t@50	9개(φ25.4×1.7t)	50	40	농촌진흥청
12-단동- 1	7.0	2.0	3.9	φ42.2×2.1t@90	5개(φ25.4×1.5t)	55	42	〃

※ 시설규모(높이, 폭) 면에서 지역·작목 특성에 맞는 내재해형 규격시설이 없는 경우, 지역별 설계기준 강도에 해당하는 내재해형 규격시설 중 규모가 큰 시설을 선정한 후 높이와 폭을 축소하여 시공하는 것은 가능

※ 10-단동-6~9형은 딸기 고설재배용 단동, 10-단동-10~13형은 참외재배용 단동, 12-단동-1형은 고추 비가림 재배용 단동으로 설계된 것이나 작물의 종류가 다르더라도 골조 규격은 이용 가능

※ 단동비닐하우스에 방풍망(설계도 : 07-연동-1형-17) 설치 시 시설의 설계풍속 강도가 5㎧ 수준 강화되는 것으로 인정

※ 단동비닐하우스(07-단동-1~4형, 10-단동-1~9형, 12-단동-1형)는 서까래 규격 변경에 따른 적설심 및 풍속강도 기준을 참고하여 시공 가능

· 단동비닐하우스(07-단동-1~4) 서까래 간격 조정시공에 따른 적설심 및 풍속 강도

서까래 설치간격 (cm)	07-단동-1		07-단동-2		07-단동-3		07-단동-4	
	적설심(cm)	풍속(m/s)	적설심(cm)	풍속(m/s)	적설심(cm)	풍속(m/s)	적설심(cm)	풍속(m/s)
50	-	-	-	-	-	-	48	37
60	50	35	50	35	50	36	38	33
70	45	34	43	32	42	34	32	31
80	40	31	38	30	37	32	28	29
90	35	30	34	28	33	30	25	27

※ 서까래 간격 조정 이외의 내재해형 규격 고시사항(시설제원, 파이프 규격, 조리개 등)은 변경되지 않은 조건에서의 조견표임

· 단동비닐하우스(10-단동-1~5)의 서까래 규격 조정시공에 따른 적설심 및 풍속 강도

서까래 규격		10-단동-1		10-단동-2		10-단동-3		10-단동-4		10-단동-5	
φ(mm)×t(mm)	설치간격 (cm)	적설심 (cm)	풍속 (m/s)	적설심 (cm)	풍속 (m/s)	적설심 (cm)	풍속 (m/s)	적설심 (cm)	풍속 (m/s)	적설심 (cm)	풍속 (m/s)
φ31.8×1.7t	50	52	37	50	38	45	36	41	35	30	32
	60	45	34	42	35	37	33	34	32	25	30
	70	38	31	36	32	32	31	29	30	22	27
	80	33	29	31	30	28	29	25	28	-	-
	90	30	28	28	29	24	27	22	26	-	-
φ31.8×1.5t	50	49	35	46	37	41	34	37	34	28	31
	60	41	32	38	33	34	31	31	31	23	28
	70	35	29	33	31	29	29	26	28	20	26
	80	30	27	28	29	25	27	23	26	-	-
	90	27	26	25	27	22	26	20	25	-	-
φ25.4×1.7t	50	33	27	30	32	28	28	22	29	-	-
	60	27	25	24	29	23	26	-	-	-	-
	70	23	23	21	27	-	-	-	-	-	-
	80	20	22	-	-	-	-	-	-	-	-
	90	-	-	-	-	-	-	-	-	-	-
φ25.4×1.5t	50	30	26	26	30	24	27	-	-	-	-
	60	25	23	22	28	20	24	-	-	-	-
	70	21	22	-	-	-	-	-	-	-	-
	80	-	-	-	-	-	-	-	-	-	-
	90	-	-	-	-	-	-	-	-	-	-

※ 서까래 규격 조정 이외의 내재해형 규격 고시사항(시설제원, 파이프 규격, 조리개 등)은 변경되지 않은 조건에서의 조견표임

· 단동비닐하우스(10-단동-6~9)의 서까래 규격 조정시공에 따른 적설심 및 풍속 강도

10-단동-6			10-단동-7			10-단동-8			10-단동-9		
서까래 규격 φ(mm)×t(mm)@cm	적설심 (cm)	풍속 (㎧)	서까래 규격 φ(mm)×t(mm)@cm	적설심 (cm)	풍속 (㎧)	서까래 규격 φ(mm)×t(mm)@cm	적설심 (cm)	풍속 (㎧)	서까래 규격 φ(mm)×t(mm)@cm	적설심 (cm)	풍속 (㎧)
φ31.8×1.5t@50	**28**	**39**	φ42.2×2.1t@90	**27**	**41**	φ42.2×2.1t@80	**25**	**33**	φ48.1×2.1t@70	**26**	**36**
φ42.2×2.1t@100	**35**	**42**	φ42.2×2.1t@80	**30**	**43**	φ42.2×2.1t@60	**33**	**38**	φ59.9×2.3t@100	**32**	**40**
			φ42.2×2.1t@70	**35**	**46**	φ48.1×2.1t@70	**38**	**41**	φ59.9×2.3t@90	**36**	**42**
φ42.2×2.1t@80	**44**	**47**	φ42.2×2.1t@60	**41**	**50**	φ48.1×2.1t@60	**44**	**44**	φ59.9×2.3t@80	**40**	**45**

※ 서까래 규격 조정 이외의 내재해형 규격 고시사항(시설제원, 파이프 규격, 조리개 등)은 변경되지 않은 조건에서의 조견표임

· 단동비닐하우스(12-단동-1)의 서까래 규격 조정시공에 따른 적설심 및 풍속 강도

12-단동-1							
서까래 규격		적설심 (cm)	풍속 (㎧)	서까래 규격		적설심 (cm)	풍속 (㎧)
φ(mm)×t(mm)	설치간격(cm)			φ(mm)×t(mm)	설치간격(cm)		
φ42.2×2.1t	90	**55**	**42**	φ31.8×1.5t	80	**25**	**28**
φ31.8×1.5t	60	**34**	**33**				
φ31.8×1.5t	70	**28**	**30**	φ31.8×1.5t	90	**22**	**27**

※ 서까래 규격 조정 이외의 내재해형 규격 고시사항(시설제원, 파이프 규격, 조리개 등)은 변경되지 않은 조건에서의 조견표임

● 광폭비닐하우스(일반, 2종)

규격명	폭 (m)	측고 (m)	높이 (m)	서까래, 기둥 φ(mm)×t(mm)@cm	가로대 φ(mm)×t(mm)	설계강도		비 고
						적설심 (cm)	풍속 (㎧)	
10-광폭-1 (아치형)	14.8	2.2	4.3	서까래 : φ33.5×2.1t@50 중방 : φ48.1×2.1t@250	15개(φ33.5×2.1t, 중앙 및 측면 φ48.1×2.1t)	**33**	**40**	농촌 진흥청
10-광폭-2 (트러스형)	16.0	2.1	4.5	용융도금 트러스 골조@120	14개(φ31.8×1.7t 또는 ⬭23~37×1.7t)	**35**	**40**	〃

※ 일반 광폭비닐하우스에 방풍망(설계도 : 07-연동-1형-17) 설치 시 시설의 설계풍속 강도가 5㎧ 수준 강화되는 것으로 인정

광폭비닐하우스(보온재 외피복, 6종)

규격명	폭 (m)	측고 (m)	동고 (m)	서까래 φ(mm)×t(mm)@cm	기둥 및 중방 φ(mm)×t(mm)@cm	지붕도리 φ(mm)/개수	보조파이프 φ(mm)×t(mm)@cm	설계강도 적설심 (㎝)	설계강도 풍속 (㎧)
13-광폭(보온재)-1	14.0	2.0	4.1	φ31.8×1.5t@60	φ48.1×2.1t@300	φ48.1/3개, φ25.4/8개	-	25	28
13-광폭(보온재)-2	16.0	2.0	4.1	φ31.8×1.5t@60	φ48.1×2.1t@300	φ48.1/3개, φ31.8/4개, φ25.4/8개	φ31.8×1.5t@300	23	28
13-광폭(보온재)-3	18.0	2.0	4.1	φ33.5×2.1t@60	φ48.1×2.1t@300	φ48.1/3개, φ31.8/4개, φ25.4/8개	φ31.8×1.5t@300	23	29
13-광폭(보온재)-4	21.0	2.0	4.2	φ31.8×1.5t@60	φ48.1×2.1t@300	φ48.1/5개, φ25.4/12개	-	23	27
13-광폭(보온재)-5	24.0	2.0	4.2	φ31.8×1.5t@60	φ48.1×2.1t@300	φ48.1/5개, φ31.8/8개, φ25.4/4개	φ31.8×1.5t@300	20	27
13-광폭(보온재)-6	27.0	2.0	4.2	φ33.5×2.1t@70	φ48.1×2.1t@280	φ48.1/5개, φ31.8/8개, φ25.4/4개	φ31.8×1.5t@280	20	27

※ 지역별 설계기준 강도에 해당하는 내재해형 규격시설 중 규모가 큰 시설을 선정한 후 높이와 폭을 축소하여 시공하는 것은 가능

※ 보온재 외피복 광폭비닐하우스는 규격 외에 측고·동고 및 서까래·기둥 규격 변경에 따른 적설심 및 풍속 강도 기준(시방서 참조)을 참고하여 시공 가능

※ 보온재 외피복 광폭비닐하우스에 방풍망(설계도 : 07-연동-1형-17) 설치 시 시설의 설계풍속 강도가 5㎧ 수준 강화되는 것으로 인정

※ 13-광폭(보온재)-1~6형에서 외피복 보온재를 설치하지 않을 경우, 시설의 구조안전성은 제시된 설계강도와 동일 수준으로 인정

· 보온재 외피복 광폭하우스(13-광폭(보온재)-1~6)의 서까래·기둥 규격 조정시공에 따른 적설심 및 풍속 강도

서까래 × 기둥 설치간격	13-광폭(보온재)-1							
	적설심(㎝)				풍속(㎧)			
	φ31.8×1.7t	φ31.8×1.5t	φ25.4×1.7t	φ25.4×1.5t	φ31.8×1.7t	φ31.8×1.5t	φ25.4×1.7t	φ25.4×1.5t
50㎝×2.0m	45	40	18	15	35	33	25	23
2.5m	38	38	16	13	33	32	24	22
3.0m	25	25	14	12	28	28	23	22
60㎝×2.4m	36	32	13	11	32	30	22	21
3.0m	25	25	12	10	28	28	22	21
70㎝×2.1m	33	29	13	10	31	29	22	21
2.8m	29	27	11	9	30	28	21	20
80㎝×2.4m	28	25	10	8	29	28	20	19
3.2m	22	22	9	7	27	26	20	18
90㎝×2.7m	24	22	9	7	28	26	19	18

※ 13-광폭(보온재)-1형(폭 14m×측고 2.0m×동고 4.1m)은 기둥사이 폭이 3.5m임

※ 서까래 및 기둥 규격 조정 이외의 내재해형 규격 고시사항(시설제원, 파이프 규격, 조리개 등)은 변경되지 않은 조건에서의 조견표임

서까래 × 기둥 설치간격	13-광폭(보온재)-2							
	적설심(cm)				풍속(m/s)			
	φ31.8×1.7t	φ31.8×1.5t	φ25.4×1.7t	φ25.4×1.5t	φ31.8×1.7t	φ31.8×1.5t	φ25.4×1.7t	φ25.4×1.5t
50cm×2.0m	33	29	18	16	34	32	28	27
2.5m	31	28	17	15	32	31	27	26
3.0m	25	25	16	15	29	28	26	25
60cm×2.4m	27	24	14	13	30	29	25	24
3.0m	25	23	14	12	28	28	24	23
70cm×2.1m	24	21	13	11	29	28	24	23
2.8m	22	20	12	10	28	26	23	22
80cm×2.4m	21	18	11	9	27	26	22	21
3.2m	19	17	10	9	26	25	21	20
90cm×2.7m	18	16	9	8	25	24	21	20

※ 13-광폭(보온재)-2형(폭 16m×측고 2.0m×동고 4.1m)은 기둥사이 폭이 4.0m임

※ 서까래 및 기둥 규격 조정 이외의 내재해형 규격 고시사항(시설제원, 파이프 규격, 조리개 등)은 변경되지 않은 조건에서의 조견표임

서까래×기둥 설치간격	13-광폭(보온재)-3		13-광폭(보온재)-4							
	적설심(cm)	풍속(m/s)	적설심(cm)				풍속(m/s)			
	φ33.5×2.1t	φ33.5×2.1t	φ31.8×1.7t	φ31.8×1.5t	φ25.4×1.7t	φ25.4×1.5t	φ31.8×1.7t	φ31.8×1.5t	φ25.4×1.7t	φ25.4×1.5t
50cm×2.0m	30	35	41	37	25	22	35	33	24	23
2.5m	28	32	34	34	23	21	32	32	24	22
3.0m	23	29	23	23	21	19	27	27	23	22
60cm×2.4m	24	32	32	29	19	17	31	30	22	21
3.0m	23	29	23	23	18	16	27	27	21	20
70cm×2.1m	22	30	29	26	16	15	30	28	21	20
2.8m	20	29	26	23	15	14	28	27	20	19
80cm×2.4m	19	28	24	22	14	12	27	26	20	19
3.2m	18	27	20	19	12	11	26	25	19	18
90cm×2.7m	17	27	21	18	12	10	26	24	19	18

※ 13-광폭(보온재)-3형(폭 18m×측고 2.0m×동고 4.1m)은 기둥사이 폭이 4.5m, 13-광폭(보온재)-4형(폭 21m×측고 2.0m×동고 4.2m)은 기둥사이 폭이 3.5m임

※ 서까래 및 기둥 규격 조정 이외의 내재해형 규격 고시사항(시설제원, 파이프 규격, 조리개 등)은 변경되지 않은 조건에서의 조견표임

서까래×기둥 설치간격	13-광폭(보온재)-5							
	적설심(cm)				풍속(m/s)			
	φ31.8×1.7t	φ31.8×1.5t	φ25.4×1.7t	φ25.4×1.5t	φ31.8×1.7t	φ31.8×1.5t	φ25.4×1.7t	φ25.4×1.5t
50cm×2.0m	31	28	18	16	32	31	27	25
2.5m	29	26	16	15	31	30	26	25
3.0m	23	23	15	14	28	28	25	24
60cm×2.4m	24	22	14	12	29	28	24	23
3.0m	23	20	13	11	27	27	23	22
70cm×2.1m	22	19	12	10	28	26	23	22
2.8m	20	17	11	9	27	25	22	21
80cm×2.4m	18	16	10	8	26	25	21	20
3.2m	16	14	9	8	25	24	20	19
90cm×2.7m	15	13	8	7	24	23	20	19

※ 13-광폭(보온재)-5형(폭 24m×측고 2.0m×동고 4.2m)은 기둥사이 폭이 4.0m, 13-광폭(보온재)-6형(폭 27m×측고 2.0m×동고 4.2m)은 기둥사이 폭이 4.5m임

※ 서까래 및 기둥 규격 조정 이외의 내재해형 규격 고시사항(시설제원, 파이프 규격, 조리개 등)은 변경되지 않은 조건에서의 조견표임

서까래×기둥 설치간격	13-광폭(보온재)-6					
	적설심(cm)			풍속(m/s)		
	φ33.5×2.1t	φ31.8×1.7t	φ31.8×1.5t	φ33.5×2.1t	φ31.8×1.7t	φ31.8×1.5t
50cm×2.0m	**32**	**23**	20	34	30	28
2.5m	**29**	**21**	19	29	28	27
3.0m	**19**	**19**	18	26	25	25
60cm×2.4m	**25**	**18**	16	30	27	25
3.0m	**19**	**17**	15	26	25	25
70cm×2.1m	**22**	**16**	14	29	25	24
2.8m	**20**	**14**	13	27	24	23
80cm×2.4m	**18**	**13**	11	27	24	22
3.2m	**17**	**12**	10	24	23	22
90cm×2.7m	**16**	**11**	9	25	22	21

※ 13-광폭(보온재)-5형(폭 24m×측고 2.0m×동고 4.2m)은 기둥사이 폭이 4.0m, 13-광폭(보온재)-6형(폭 27m×측고 2.0m×동고 4.2m)은 기둥사이 폭이 4.5m임

※ 서까래 및 기둥 규격 조정 이외의 내재해형 규격 고시사항(시설제원, 파이프 규격, 조리개 등)은 변경되지 않은 조건에서의 조견표임

과수비닐하우스(3종 : 포도 2, 감귤 1)

규격명	폭 (m)	측고 (m)	높이 (m)	서까래, 기둥 φ(mm)×t(mm)@cm	가로대, 곡부보 φ(mm)×t(mm)	설계강도		비 고
						적설심 (cm)	풍속 (m/s)	
07-포도-1	5.0	2.5	4.3	서까래 : φ31.8×1.5t@60 기둥 : φ48.1×2.1t@300	가로대 : 7개(φ33.5×2.1t 등) 곡부보 : φ48.1×2.1t	**40**	**35**	농촌진흥청
10-포도-1	3.0	2.1	3.0	서까래 : φ25.4×1.5t@100 기둥 : φ31.8×1.5t@200	가로대 : 3개(φ25.4×1.2t 등) 곡부보 : φ25.4×1.5t×2개(거터), φ31.8×1.5t(외측)	**44**	**35**	충청북도 농업기술원 포도연구소
08-감귤-1	5.5	3.3	4.5	서까래 : φ48.1×2.1t@200 기둥 : φ60.5×3.65t@200	가로대 : 7개(φ33.5×2.1t 등) 곡부보 : □50×50×2.0t	**50**	**40**	농촌진흥청

※ 포도 비가림하우스(07-포도-1)는 서까래 규격 조정에 따른 적설심 및 풍속강도 기준을 참고하여 시공 가능(시방서 참조)

※ 포도 비가림하우스에 방풍망(설계도 : 07-연동-1형-17) 설치 시 시설의 설계풍속 강도가 5m/s 수준 강화되는 것으로 인정

• 포도비가림하우스(07-포도-1) 서까래 규격 조정시공에 따른 적설심 및 풍속 강도

07-포도-1			
서까래 규격		적설심 (cm)	풍속 (m/s)
φ(mm)×t(mm)	설치간격(cm)		
φ31.8×1.5t	60	**40**	**35**
φ25.4×1.5t		**35**	**30**

※ 서까래 규격 조정 이외의 내재해형 규격 고시사항(시설제원, 파이프 규격, 조리개 등)은 변경되지 않은 조건에서의 조견표임

5. 내재해형 간이버섯재배사 규격 : 2종

● 간이버섯재배사(2종)

규격명	폭 (m)	측고 (m)	높이 (m)	서까래, 베드기둥 φ(mm)×t(mm)@cm	가로대, 중방 φ(mm)×t(mm)	설계강도		비고
						적설심 (cm)	풍속 (m/s)	
08-버섯-1	5.6	2.8	4.25	서까래 : φ33.5×2.1t@50 베드기둥 : φ31.8×1.5t@150×300	가로대 : 13개(φ25.4×1.5t 등) 중방 : -	50	40	농촌 진흥청
08-버섯-2	6.6	3.0	4.85	서까래 : φ33.5×2.3t@50 베드기둥 : φ31.8×1.5t@150×300	가로대 : 13개(φ25.4×1.5t 등) 중방 : φ25.4×1.5t@300	45	40	〃

※ 간이버섯재배사에 방풍망(설계도 : 07-연동-1형-17) 설치 시 시설의 설계풍속 강도가 5m/s 수준 강화되는 것으로 인정

6. 내재해형 인삼재배시설 규격 : 20종(철재 5종, 목재 15종)

● 철재 인삼재배시설(5종)

규격명	기둥			서까래			보조서까래			도리			적설강도 (cm)
	길이 (cm)	사용규격 (mm)	수량 (개)	길이 (cm)	사용규격 (mm)	수량 (개)	길이 (cm)	사용규격 (mm)	수량 (개)	길이 (cm)	사용규격 (mm)	수량 (개)	
07-철인-A													
○ 〃 -A	240		360	240		330	180	φ22.2 ×1.5t 이상	660	210	φ22.2 ×1.5t 이상	660	53
○ 〃 -A-1	240	φ22.2 ×1.5t 이상	360	240	φ22.2 ×1.5t 이상	330	150		330	210		660	41
○ 〃 -A-2	240	□28×28 ×1.2t 이상	360	210	□28×28 ×1.2t 이상	330	-	28×14×1.0t 이상	-	210	28×14×1.0t 이상	660	27
○ 〃 -A-3	240		360	210		330	-	□18×18 ×1.2t 이상	-	210	□18×18 ×1.2t 이상	330	27
13-철인-W	300	φ31.8×1.5t	352	장폭 300 단폭 170	φ31.8×1.5t	장폭 160 단폭 160	장폭 240 단폭 170	φ25.4×1.5t	장폭 310 단폭 310	800	φ31.8×1.5t	140	27

※ 철재 인삼재배시설의 사용자재 규격
 - 기둥, 서까래, 보조서까래 및 도리는 SGH400(인장강도 400MPa, 항복강도 295MPa) 이상의 자재를 사용
 - 기둥과 서까래 결합부의 연결은 미끄럼저항력 400N 이상의 내재해 조리개를 사용

• 생력화형 철재 인삼재배시설(13-철인-W)의 기둥 간격 조정시공에 따른 적설 강도

기둥 및 서까래 설치간격(cm)	보조 서까래 설치 개수 및 간격(cm)	적설강도(cm)
180(기본형)	2개, 60	27
160	2개, 53	31
140	2개, 47	36
120	1개, 60	35
100	1개, 50	42

● 목재 인삼재배시설(15종)

(단위 : ㎝)

규격명	기둥			서까래			보조서까래			도리			적설강도 (㎝)
	길이	폭	두께	길이	폭	두께	길이	폭	두께	길이	폭	두께	
13-목인-A													**새 자재의 경우**
○ 〃 -A	240	3.6	3.0	240	3.6	3.0	180	3.0	2.4	210	3.6	3.0	**57**
○ 〃 -A-1	240	3.6	3.0	240	3.6	3.0	180	3.0	2.4	210	3.6	3.0	**41**
○ 〃 -A-2	240	3.6	3.0	210	3.6	3.0	-	-	-	210	3.6	3.0	**32**
○ 〃 -A-3	240	3.6	3.0	210	3.6	3.0	-	-	-	210	3.6	3.0	**29**
○ 〃 -A-4	240	3.6	3.0	210	3.6	3.0	-	-	-	-	-	-	**27**
13-목인-B													**새 자재의 경우**
○ 〃 -B	180 (150)	3.6 (3.6)	3.0 (3.0)	180	3.6	3.0	180	3.0	2.4	210	3.6	3.0	**70**
○ 〃 -B-1	180 (150)	3.6 (3.6)	3.0 (3.0)	180	3.6	3.0	180	3.0	2.4	210	3.6	3.0	**50**
○ 〃 -B-2	180 (150)	3.6 (3.6)	3.0 (3.0)	180	3.6	3.0	-	-	-	210	3.6	3.0	**39**
○ 〃 -B-3	180 (150)	3.6 (3.6)	3.0 (3.0)	180	3.6	3.0	-	-	-	210	3.6	3.0	**35**
○ 〃 -B-4	180 (150)	3.6 (3.6)	3.0 (3.0)	180	3.6	3.0	-	-	-	-	-	-	**32**
13-목인-C													**새 자재의 경우**
○ 〃 -C	240	4.0	4.0	240	4.0	4.0	180	4.0	4.0	210	4.0	4.0	**47**
○ 〃 -C-1	240	4.0	4.0	240	4.0	4.0	180	4.0	4.0	210	4.0	4.0	**34**
○ 〃 -C-2	240	4.0	4.0	210	4.0	4.0	-	-	-	210	4.0	4.0	**26**
○ 〃 -C-3	240	4.0	4.0	210	4.0	4.0	-	-	-	210	4.0	4.0	**24**
○ 〃 -C-4	240	4.0	4.0	210	4.0	4.0	-	-	-	-	-	-	**22**

※ 목재 인삼재배시설 설치 시 준수 사항

- 시설자재는 강질목(A형 및 B형류) 사용하며, 지역별 설계 적설심 이상인 경우 중질목(일반목) 사용 가능 (연질목은 구조재로 사용 불가)
- 균열 또는 옹이를 포함한 목재 사용 지양
- 내력강화를 위해 목재단면의 장방향을 부재단면의 높이(h)로 사용

- 목재 인삼재배시설의 수종에 따른 적설강도(안전적설심, cm)

규 격 명	강질목(SG)	중질목(GG)	연질목(MG)	국내산 낙엽송
13-목인-A	57	42	32	47 (13-목인-C)
13-목인-A-1	41	30	23	34 (13-목인-C-1)
13-목인-A-2	32	23	18	26 (13-목인-C-2)
13-목인-A-3	29	21	16	24 (13-목인-C-3)
13-목인-A-4	27	20	15	22 (13-목인-C-4)
13-목인-B	70	51	39	58
13-목인-B-1	50	36	28	41
13-목인-B-2	39	28	21	32
13-목인-B-3	35	26	19	29
13-목인-B-4	32	24	18	27

※ 강질목(SG) : 아피톤, 르삭, 셀랑강바투 및 동급 이상의 수입수종으로, 단면이 3.6cm×3.0cm 이상인 새 자재 기준
　중질목(GG) : 캠퍼스 및 동급의 수입수종으로, 단면이 3.6cm×3.0cm 이상인 새 자재 기준
　연질목(MG) : MLH목 및 동급의 수입수종으로, 단면이 3.6cm×3.0cm 이상인 새 자재 기준
　국내산 낙엽송 : 국내산 낙엽송으로, 단면이 4.0cm×4.0cm 이상인 새 자재 기준

- 목재 인삼재배시설의 기둥간격 조정 시공에 따른 적설강도(안전적설심, cm)

기둥설치간격(cm)	A	A-1	A-2	A-3	A-4	C	C-1	C-2	C-3	C-4
180	57	41	32	29	27	47	34	26	24	22
150	69	50	39	35	33	57	41	32	29	27
120	86	62	48	44	41	71	51	40	36	34

※ 강질목(SG, 3.6cm×3.0cm)의 새 자재를 사용할 경우 : A~A-4
　국내산 낙엽송(4.0cm×4.0cm) 새 자재를 사용할 경우 : C~C-4

7. 민간전문업체 개발 내재해형 규격시설 : 10종
   (단동 5, 연동 2, 광폭 3)

● 단동비닐하우스

규격명	폭(m)	측고(m)	높이(m)	보강트러스 □(mm)×t(mm)@cm	서까래 φ(mm)×t(mm)@cm	가로대 φ(mm)×t(mm)	설계강도 적설심(cm)	설계강도 풍속(m/s)	개발업체	비고
07-단동(민)-1	6.0	1.1	2.80		φ25.4×1.5t@60	9개(φ25.4×1.5t)	25	25	A	중방식
07-단동(민)-2	6.0	1.2	2.90	□50×30×2.0t@300	φ25.4×1.5t@60	9개(φ31.8×1.5t)	40	25	〃	〃
07-단동(민)-3	7.0	1.2	2.90	□50×30×2.0t@240	φ25.4×1.5t@60	11개(φ31.8×1.5t)	60	25	〃	〃
07-단동(민)-4	8.2	1.2	2.90	□50×30×2.0t@240	φ25.4×1.5t@60	11개(φ31.8×1.5t)	60	35	〃	〃
08-단동(민)-1	7.0	2.0	3.63		주: □40×60×3.0t@200 보조: 와이어 φ6	9개 중앙: □40×40×2.0t 기타: □20×40×1.4t	71	35	B	

※ A : 한국인삼농업기자재(주), B : (주)탄탄하우스

● 연동비닐하우스

규격명	폭(m)	측고(m)	높이(m)	보강트러스 □(mm)×t(mm)@cm	서까래 φ(mm)×t(mm)@cm	가로대 φ(mm)×t(mm)	설계강도 적설심(cm)	설계강도 풍속(m/s)	개발업체	비고
07-연동(민)-1	8.0 7.0 8.0	2.0	3.70	□60×40×2.3t@240	φ25.4×1.5t@60	상부21, 측부6개 (φ31.8×1.5t)	60	35	A	3연동 (커튼 자동화 포함)
08-연동(민)-1	7.0	2.0	3.63		주: □40×60×3.0t@200 보조: 와이어 φ6	9개 중앙: □40×40×2.0t 기타: □20×40×1.4t	63	32	B	3연동

※ A : 한국인삼농업기자재(주), B : (주)탄탄하우스

● 광폭비닐하우스

규격명	폭(m)	측고(m)	높이(m)	서까래 φ(mm)×t(mm)@cm	가로대 φ(mm)×t(mm)	설계강도 적설심(cm)	설계강도 풍속(m/s)	개발기관(업체)	비고
10-광폭(민)-1	15.0	3.0	6.0	용융도금 트러스 골조@120		40	40	(주)에스지티	
10-광폭(민)-2	17.0	3.0	7.0			40	35	〃	
10-광폭(민)-3	22.0	3.0	7.0			40	35	〃	중간 기둥

8. 비닐하우스 구조용 파이프 KS 규격 개정('07. 6월)

<table>
<tr><th>구 분</th><th colspan="3">개 정 전</th><th colspan="4">개 정 후</th></tr>
<tr><td>종 류</td><td colspan="3">비닐하우스용 아연도 강관
(기호 : SPVH)</td><td colspan="4">○ 일반 농업용 : SPVH, SPVH-AZ
○ 비닐하우스 구조용 : SPVHS, SPVHS-AZ</td></tr>
<tr><td>제조방법
및 품질</td><td colspan="3">○ 용접부 : 아연도금
○ 아연도금 부착량
- 관 : 138g/㎡ 이상
- 강대 : 275g/㎡ 이상</td><td colspan="4">○ 용접부는 아연이나 알루미늄-아연합금으로 도금
○ 도금 부착량 및 도금 두께
- 관(외부)
. SPVH, SPVHS : 150g/㎡ 이상
. SPVH-AZ, SPVHS-AZ : 80g/㎡ 이상
- 관 양면(내외부) : 단면기준 2배
- 용접부의 도금 두께 : 평균 6㎛ 이상
○ 용접면에는 용제를 도포하여 부식방지</td></tr>
<tr><td rowspan="5">기계적
성질</td><td colspan="3" rowspan="5">없음
(인장강도 270㎫의 강판을 사용)</td><td>기 호</td><td>인장강도
(㎫)</td><td>항복강도
(㎫)</td><td>연신율
(%)</td></tr>
<tr><td>SPVH</td><td rowspan="2">270 이상</td><td rowspan="2">205 이상</td><td rowspan="2">20 이상</td></tr>
<tr><td>SPVH-AZ</td></tr>
<tr><td>SPVHS</td><td rowspan="2">400 이상</td><td rowspan="2">295 이상</td><td rowspan="2">18 이상</td></tr>
<tr><td>SPVHS-AZ</td></tr>
<tr><td rowspan="3">치수
허용차</td><td colspan="2">바깥지름(㎜)</td><td>±0.5</td><td colspan="2">바깥지름(㎜)</td><td colspan="2">0.0 ~ +0.5</td></tr>
<tr><td rowspan="2">두께(㎜)</td><td>1.6㎜ 미만</td><td>±0.13</td><td rowspan="2">두께(㎜)</td><td>1.6㎜ 미만</td><td colspan="2">0.0 ~ +0.13</td></tr>
<tr><td>1.6㎜ 이상</td><td>±0.17</td><td>1.6㎜ 이상</td><td colspan="2">0.0 ~ +0.17</td></tr>
<tr><td>시험방법
및 기타</td><td colspan="3">○ 아연도금부착량시험
○ 굽힘시험</td><td colspan="4">○ 인장시험 시험편 규정 : KS B 0801, 0802
○ 아연도금 부착량 시험
○ 굽힘시험
○ 도금두께 시험 : 용접부 중앙 3개소에서 측정</td></tr>
</table>

※ 내재해형 규격시설 설치 시에는 반드시 비닐하우스 구조용 파이프(SPVHS, SPVHS-AZ) 또는 동등 이상의 자재를 사용하여야 함

9. 내재해형 원예특작시설용 결속조리개의 강도기준 및 시험방법

● 용도별 결속조리개의 내재해형 강도기준

구분(용도)	미끄럼강도(N)	인장강도(N)
비닐하우스용	1,390 이상	900 이상
철재인삼해가림시설용	400 이상	-

※ 시험조건 : 파이프 체결상태
※ 산업통상자원부 국가기술표준원 한국인정기구(KOLAS, http://www.kolas.go.kr)에서 검색할 수 있는 시험기관의 시험을 거쳐 미끄럼강도와 인장강도 시험 값이 내재해 기준을 상회하는 경우 내재해형 원예특작시설용 결속조리개로 인정
- **시험기관** : 한국건설생활환경시험연구원(http://www.kcl.re.kr), 한국화학융합시험연구원(http://www.ktr.or.kr) 등 KOLAS에 등재된 기관

※ 본 개정 고시 이후 설치되는 내재해형 온실에 사용되는 모든 내재해 조리개는 아래에 제시된 시험방법에 따른 시험에서 상기 기준을 만족하는 시험성적을 받은 것이어야 하며(단, 해당 제품의 시험의뢰 및 성적서 발급에 소요되는 기간을 고려하여 본 개정 고시를 발효한 날로부터 6개월 이후부터 적용함), 기존 내재해 조리개로 인정된 제품은 해당 제품이 사용된 내재해형 온실이 내구수명을 다할 때까지 해당 온실에 대해서만 인정함

● 원예특작시설용 파이프 결속조리개의 강도시험 방법

1. **적용범위** 이 규격은 온실용 파이프 조리개(결속구)의 결속강도 시험 방법에 대하여 규정하며, 이 시험 방법에 규정한 것 이외는 KS B 0804에 따른다.

2. **인용규격** 다음에 나타내는 규격은 이 규격에 인용됨으로써 이 규격의 규정 일부를 구성한다. 이러한 인용규격은 그 최신판을 적용한다.
    KS B 0802 금속재료 인장시험 방법
    KS B 0804 금속재료 굽힘시험
    KS D 0048 철강용어(시험)

3. 정 의
3.1 **조리개**(clip for crossing pipes) 온실 등 파이프 골조 농업시설물에 사용되는 구조재료의 직각교차 혹은 경사교차부에서 두 부재를 결속하는 장치를 말한다.
3.2 **미끄럼 저항력**(slip resistance strength) 조리개로 결속된 두 개의 교차된 파이프에 외력을 가하면 미끄러지기 쉬운 면으로부터 미끄러지는데, 이 때 외력에 따라서 생기는 미끄럼을 방해하는 힘으로 '미끄럼 강도'라고도 한다.

4. 시험 측정의 원리 온실용 조리개의 결속력 평가는 인장 및 미끄럼(전단) 강도에 의해 평가한다.

5. 시험 장치
5.1 강도시험기 최대 용량 5000 N 이상의 설비로서 일정한 하중 속도를 유지할 수 있으며 장착된 로드셀의 허용오차는 측정값의 5% 이내 정확도로 하중을 측정할 수 있고, 변형은 0.01 ㎜의 정확도로 측정할 수 있어야 한다.
5.2 길이 측정 도구 시험편의 치수를 0.01 ㎜까지 측정할 수 있어야 한다.
5.3 하중 블록과 지점 하중 블록은 시험편에 미끄럼 하중을 올바로 가할 수 있어야 하고, 지점은 미끄럼 하중이 작용하는 동안 시험편을 확실하게 지지할 수 있어야 하며, 하중 블록과 지점이 시험편과 접촉하는 부위는 30 ㎜ 이상의 곡률 반지름을 가져야 한다.
5.4 인장척과 지그 조립상태에서 인장력을 평가하기 위해 사용하며, 인장시험용 지그는 인장시험이 진행되는 동안 시험편을 이동이나 회전없이 확실하게 고정할 수 있어야 하고, 시험편과의 접촉부위에서 발생한 집중응력으로 인해 시험편이 변형 또는 손상되지 않아야 한다. 인장척과 지그는 5000 N 하중에서 자체변형이 0.01 ㎜ 이하가 되도록 설계한다.

6. 시험편
6.1 시험편의 크기 및 형태 시험편은 두 방향의 파이프가 시험할 조리개에 의해 체결이 완료된 상태로 준비하고, 결속된 파이프의 길이는 조리개를 체결한 상태에서 조리개 부분을 제외한 길이가 각각 100 ㎜ 이상이 되도록 자른 상태로 준비한다.
6.2 시험편의 수 시험편은 동일한 제품(시험모델)에 대하여 3회의 반복시험이 가능하도록 준비한다. 인장시험용 시험편은 하중을 가하는 방향이 1방향이지만, 미끄럼시험용 시험편은 조리개 및 연결된 파이프의 대칭성에 따라 하중을 가하는 방향이 2~4 방향이 될 수 있으므로 이를 고려하여 3회 반복시험을 위한 시험편을 준비한다.

7. 시험 방법
7.1 시험편의 치수 측정 시험편(조리개)의 길이, 높이, 두께 등 제작도면에 포함된 치수를 0.01 ㎜ 이내의 정밀도로 측정하고 시험의뢰 시 제출한 도면의 치수와 일치하는 지 비교하여 기록한다.

구 분	도면치수	측정치수	비 고

7.2 인장 시험 제어방식은 변위제어(최대변위 10㎜ 이상)이고, 시험속도는 5 ㎜/min으로 한다. 시험은 두 개의 파이프가 조리개에 의해 결속된 상태에서 수행하며, 동일한 시험편(시료)에 대해 3회 반복하여 인장 시험을 실시한다. 조리개의 인장강도 값은 변위가 2㎜일 때의 하중 값을 기록한다.
7.3 미끄럼(전단) 시험 제어방식은 변위제어(최대변위 5㎜ 이상)이고, 시험속도는 5 ㎜/min로 한다. 시험은 두 개의 파이프가 조리개에 의해 결속된 상태에서 수행하며, 결합된 두 파이프와 조리개의 대칭성에 따라 2~4 방향에 대한 미끄럼 강도를 측정한다. 동일한 시험편(시료)에 대해 3회 반복하여 미끄럼 시험을 실시한다. 시험한 조리개의 미끄럼강도 값은 각 방향의 시험에서 변위가 2㎜일 때의 하중 값을 기록한다.

8. 시험결과 분석

8.1 하중-변형 선도 가력에 따른 시료의 변위를 선도로 표시하며, 가로축에는 변위를 mm 단위로 표시하고, 세로축에는 하중을 N 단위로 표시한다. 인장시험과 미끄럼(전단)시험에 대해 각각 선도를 표시하되, 미끄럼(전단)시험의 경우 각각의 가력방향에 대한 선도를 모두 표시한다. 또한, 각각의 선도에는 반복시험 3회의 결과가 모두 하나의 선도에 표시되도록 한다. 가로축의 변위가 인장은 10 mm 이상, 미끄럼(전단)은 5 mm 이상까지 나타나도록 표시한다.

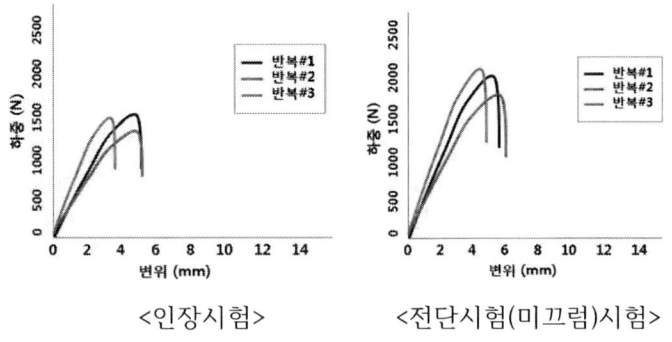

<인장시험>　　<전단시험(미끄럼)시험>

8.2 인장하중(저항력) 변위 2mm일 때의 인장하중을 N 단위로 기록한다.
8.3 미끄럼 하중(미끄럼 저항력) 변위 2mm일 때의 미끄럼하중을 N 단위로 기록한다.

9. 기록 시험 결과의 기록 시에 다음 사항들이 포함되어야 한다.

9.1 적용 규격 번호 시험을 위해 적용한 규격명을 기록한다.
(예시: 농림수산식품부 고시 제2010-128호, KS B 0802, KS B ISO 8491, KS D 0048)
9.2 시험편 채취에 관련된 사항 의뢰자가 제공한 시험편의 수량 및 시험체 번호 부여 내역 등을 기록한다.
9.3 시험편의 규격 및 치수 시험을 위한 조리개의 구조 및 규격은 다음과 같이 조사하여 기록하고, 의뢰인이 제출한 시험한 제품의 형상을 확인할 수 있는 사진과 제품의 치수가 기입된 제작도면을 다음 예시와 같이 첨부한다. 시험편(조리개)의 길이, 높이, 두께 등 제작도면에 포함된 치수를 0.01 mm 이내의 정밀도로 측정하고 시험의뢰 시 제출한 도면의 치수와 일치하는 지 비교하여 기록한다.

- 시험편(조리개)의 명칭 및 규격(예시)

제품명 (일반명)	모델명	길이 (mm)	너비 (mm)	높이 (mm)	체결부 (mm)
○○조리개	AB-25D	○○	○○	○○	Ø25.4 서까래 + Ø25.4 도리

- 시험편(조리개)의 주요 치수

구 분	도면치수	측정치수	비 고

- 시험편의 구조 및 형상(예시, 별첨)

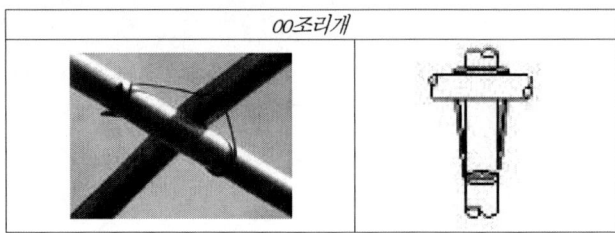

00조리개

- 시험편의 제작 도면(예시, 별첨)

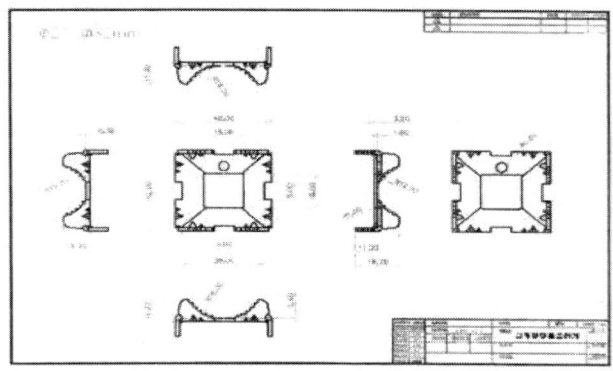

9.4 시험조건

- 시험조건(예시)

시험종류	사용장비	시험속도(㎜/min)	시험조건
인장시험	*재료만능시험기 (DYMU-30)*	*5*	*체결상태*
전단(미끄럼)시험			

9.5 시험 결과

- 강도시험 결과

구분	미끄럼(전단) 하중(N)			구분	인장 하중(N)		
	시험1	시험2	시험3		시험1	시험2	시험3
시험체 A-X				시험체 A			
시험체 A-Y							

* A, B, C, … : 의뢰한 시험체(조리개)의 종류(모델)를 구분하는 기호
X, Y : 시험체(조리개)의 체결 방향 번호

- 하중-변위 곡선

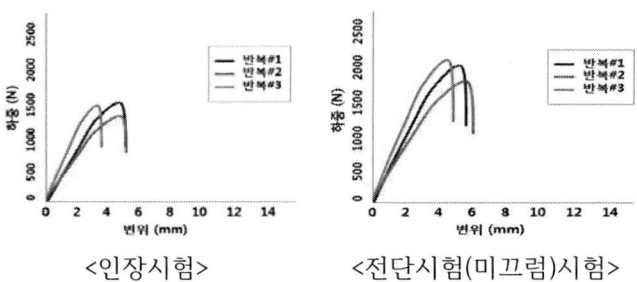

<인장시험>

<전단시험(미끄럼)시험>

9.6 시험 날짜 및 시간

9.7 시험 기관 및 담당자 : 시험기관명 및 시험담당자 성명, 연락처를 기록한다.

10. 기존 표준규격 시설

(2016년까지 재해조사용으로만 활용, 신규 및 재해복구용으로는 활용불가)

◼ 비닐하우스 기존규격 : 18종 [A ~ K(13종), 1-2W형(5종)]

● 기존규격은 내구연한(2016년) 범위 내에서 '06년 단가로 한시적 지원계획

● 농가지도형 단동비닐하우스(13종)

하우스 규격	비닐하우스 모델별 규격							
	A형	B형	C형	D형	E형	F형	G형	H형
폭(m)	4.8	5.1~5.4	5.7~6.0	6.1~6.5	6.6~7.0	7.4~7.8	7.8~8.2	5.1~5.4
측고(m)	1.1	1.2	1.3	1.6	1.4	1.4	1.6	1.6
동고(m)	2.0~2.3	2.1~2.6	2.4~2.9	2.5~3.0	2.3~2.8	2.6~3.1	3.0~3.5	2.5~3.0
길이(m)	97	97	97	97	97	97	97	97
면적	467㎡	524㎡	582㎡	631㎡	679㎡	757㎡	795㎡	524㎡
서까래 간격(cm)	80	90	80	80	90	90	90	50
가로대수(개)	3	5	5	5	5	5	5	5
서까래 규격(mm)	φ22.2×1.2t	φ25.4×1.5t	φ25.4×1.5t	φ25.4×1.5t	φ31.8×1.5t	φ31.8×1.5t	φ31.8×1.5t	φ22.2×1.2t
지중삽입 깊이(cm)	30 이상							

하우스 규격	비닐하우스 모델별 규격				
	I형	J형	A-1형	B-1형	K형
폭(m)	5.7~6.0	7.1~7.5	4.8	5.1~5.4	3.0
측고(m)	1.7	1.6	0.8	1.2	1.9
동고(m)	2.8~3.3	3.4~3.9	2.0~2.3	2.1~2.6	2.8
길이(m)	97	97	97	97	110
면적	582㎡	728㎡	467㎡	524㎡	990㎡
서까래 간격(cm)	60	70	100	120	70
가로대수(개)	5	5	1	3	5
서까래 규격(mm)	φ25.4×1.5t	φ31.8×1.5t	φ22.2×1.2t	φ25.4×1.2t	φ25.4×1.5t, 강선 φ5
지중삽입 깊이(cm)	30 이상				

● 농가보급형 자동화비닐하우스 1-2W형(5종)

규격명	폭(m)	높이(m)	서까래, 가로대 φ(mm)×t(mm)@cm, 개(φ(mm)×t(mm))	기둥·중방 φ(mm)×t(mm)@cm	개발기관(업체)	부대시설
1-2W형('95)	7.0	4.55	φ25.4×1.5t@60, 7-9개(φ25.4×1.2t)	φ48.1×2.1t@200	시설원예시험장 등	커튼, 컨트롤박스
1-2W각관A형	7.0	4.80	φ31.8×1.5t@60, 7-9개(φ25.4×1.2t)	□60×60×2.3t@300	〃	〃
1-2W각관B형	7.5	5.00	φ31.8×1.5t@60, 7-9개(φ25.4×1.2t)	□60×60×2.3t@300	〃	〃
1-2W서까래보강형	7.0	4.55	⌀48.1×2.1t@200+⌀25.4×1.5t@50, 7-9개(⌀25.4×1.2t)	φ48.1×2.1t@200	〃	〃
1-2W보완형	7.0	4.80	φ25.4×1.5t@60, 7-9개(φ25.4×1.2t)	□60×60×2.3t@300	〃	〃

- ■ 폐규격 내재해형 비닐하우스 : 17종 [과수비닐하우스(1종), 단동하우스(13종), 광폭비닐하우스(3종)]
  - ● 폐지된 규격시설은 폐지년도 재해복구 고시단가로 지원
  - ● 과수 비닐하우스(감귤 1종)

규격명	폭(m)	측고(m)	동고(m)	서까래 φ(mm)×t(mm)@cm	가로대 개(φ(mm)×t(mm)) □(mm×mm)×t(mm)	기둥, 중방 φ(mm)×t(mm)@cm	독립기초 □cm×cm×cm	강선 및 근가 φ(mm)@cm	폐지년도
07-감귤-1형	5.5	3.3	4.5	주 : φ48.1×2.1t@200 보조 : 3중도금철사 #12(φ2.6)@33	지붕가로대 : 7개 (φ33.5×2.1t, φ26.7×1.9t) 곡부보 : □50×50×2.0t	기둥 : φ60.5×3.65t @200 중방 : φ48.1×2.1t @200	□190×250×270	외부강선 : φ8이상@600 내부강선 : φ8이상@1600 (단, 전후면은 φ8이상@1200) ※ 근가 : 지중 100cm	2008

  - ● 단동비닐하우스(13종)

규격명	폭(m)	측고(m)	동고(m)	서까래 φ(mm)×t(mm)@cm	가로대 개(φ(mm)×t(mm))	측면기둥 φ(mm)×t(mm)@cm	기초 φ(mm)×t(mm)@지중깊이(cm)	폐지년도
07-단동- 5형	8.2	1.6	3.5	φ31.8×1.5t@50	7개(φ33.5, φ31.8 등)	φ31.8×1.5t@150	φ25.4×1.5t @25 (파이프 줄기초)	2010
07-단동- 6형				φ31.8×1.5t@50	7개(φ33.5, φ25.4 등)	φ25.4×1.7t@150		
07-단동- 7형				φ31.8×1.5t@60	7개(φ33.5, φ25.4 등)	φ25.4×1.5t@180		
07-단동- 8형				φ25.4×1.5t@50	7개(φ25.4×1.7t 등)	φ25.4×1.5t@150		
07-단동- 9형				φ25.4×1.5t@70	7개(φ25.4×1.7t 등)	φ25.4×1.5t@210		
07-단동-10형				φ25.4×1.5t@90	7개(φ25.4×1.5t 등)	φ25.4×1.5t@180		
07-단동-11형				φ25.4×1.5t@90	7개(φ25.4×1.2t)	φ25.4×1.5t@270		
07-단동-12형	6.0	1.7	3.3	φ31.8×1.7t@50	5개(φ25.4×1.5t 등)	-		
07-단동-13형				φ31.8×1.5t@50	5개(φ25.4×1.5t 등)	-		
07-단동-14형				φ31.8×1.7t@60	5개(φ25.4×1.2t)	-		
07-단동-15형				φ31.8×1.5t@60	5개(φ25.4×1.2t)	-		
07-단동-16형				φ31.8×1.7t@80	5개(φ25.4×1.2t)	-		
07-단동-17형				φ31.8×1.5t@90	5개(φ25.4×1.2t)	-		

  - ● 광폭비닐하우스(3종)

규격명	폭(m)	동고(m)	서까래 φ(mm)×t(mm)@cm	가로대 개(φ(mm)×t(mm))	폐지년도
07-광폭(민)-1	15.0	5.2	용융도금 트러스 골조@120		2010
07-광폭(민)-2	17.0	5.5	용융도금 트러스 골조@120		
07-광폭(민)-3	22.0	6.7	용융도금 트러스 골조@120		

폐규격 내재해형 인삼재배시설 : 6종 [목재(6종)]

- 폐지된 규격시설은 폐지년도 재해복구 고시단가로 지원
- 인삼재배시설(목재 6종)

(단위 : cm)

규격명	기둥			서까래			보조서까래			도리			폐지년도
	길이	폭	두께	길이	폭	두께	길이	폭	두께	길이	폭	두께	
07-목인-A													2013
○ 〃 -A	240	3.6	3.0	240	3.6	3.0	180	3.0	2.4	210	3.6	3.0	
○ 〃 -A-1	240	3.6	3.0	240	3.6	3.0	150	3.0	1.5	210	3.6	3.0	
○ 〃 -A-2	240	3.6	3.0	210	3.6	3.0	-	-	-	-	-	-	
○ 〃 -A-3	240	3.6	3.0	210	3.6	3.0	-	-	-	-	-	-	
07-목인-B													
○ 〃 -B	180 (150)	3.6 (3.6)	3.0 (3.0)	160	3.6	3.0	-	-	-	-	-	-	
○ 〃 -B-1	180 (150)	3.6 (3.6)	3.0 (3.0)	180	3.6	3.0	180	3.0	2.4	210	3.6	3.0	

※ 07-목인-A 및 07-목인-B-1은 13-목인-A 및 13-목인-B로 규격명 변경
07-목인-A-2~3은 코드사 설치를 사용자 선택으로 변경하여 13-목인-A-4로 규격 통합
07-목인-A-1 및 07-목인-B는 규격 폐지(07-목인-A-1은 13-목인-A-1로 규격 대체)

11. 부록

(농가보급형 자동화하우스 1-2W형 측고상승 시 구조보강 방법)

1-2W각관A형 구조개선(10-연동-구조개선-1형)

주요부재			부재규격(mm) 및 설치간격(mm)	
			무보강(기존)	구조보강
주기둥	기존 부재		□60×60×2.3t@3,000	←
	구조보강(절단 후 이음)		-	□60×60×2.3t@3,000
서까래	기존 부재		φ31.8×1.5t@600	←
	구조보강		-	-
도 리	기존부재	서까래	φ25.4×1.2t/7개/동	←
		방풍벽	φ25.4×1.2t/2개	φ42.2×2.1t/6개
		곡부	□60×60×2.3t	←
중 방	기존 부재		□60×60×2.3t@3,000	←
	구조보강	하현재	-	□60×60×2.3t@3,000
		사재	-	φ31.8×1.5t
방풍벽	기존 부재		φ31.8×1.5t@600	-
	구조보강	방풍벽	-	φ48.1×2.3t@3000, φ31.8×1.7t@600
		보강이음	-	□60×40×2.3t@3,000
설계강도	적설심(cm)		-	**41**
	풍속(m/s)		-	**33**

※ 구조보강 부재의 강도는 한국표준규격 KS D 3760을 만족하거나 동등 이상일 것

※ 부재의 용접작업은 한국표준규격 KS D 1541을 따를 것

※ 주기둥을 절단하여 측고를 높이는 과정에서 절단-비절단 주기둥간 최소 거리는 10m 이상으로 하고, 측고 상승 높이 차이는 10cm 미만을 유지할 것

1-2W서까래보강형 구조개선(10-연동-구조개선-2형)

주요부재			부재규격(mm) 및 설치간격(mm)	
			무보강(기존)	구조보강
주기둥	기존 부재		φ48.1×2.1t@2,000	←
	구조보강(절단 후 이음)		-	φ48.1×2.1t@2,000
서까래	기존 부재		φ48.1×2.1t@2,000, φ25.4×1.5t@500	←
	구조보강		-	-
도 리	기존부재	서까래	φ25.4×1.2t/7개/동	←
		방풍벽	φ25.4×1.2t/2개	φ48.1×2.1t/1개, φ31.8×1.7t/3개
		곡부	φ48.1×2.1t 또는 □50×30×1.8t	←
중 방	기존 부재		φ48.1×2.1t@2,000	←
	구조보강	하현재	-	φ48.1×2.1t@2,000
		사재	-	φ25.4×1.5t
방풍벽	기존 부재		φ25.4×1.5t@500	-
	구조보강	방풍벽	-	φ48.1×2.1t@2,000, φ31.8×1.7t@500
		보강이음	-	φ48.1×2.1t@2,000
설계강도	적설심(cm)		-	**41**
	풍속(m/s)		-	**36**

※ 구조보강 부재의 강도는 한국표준규격 KS D 3760을 만족하거나 동등 이상일 것

※ 부재의 용접작업은 한국표준규격 KS D 1541을 따를 것

※ 주기둥을 절단하여 측고를 높이는 과정에서 절단-비절단 주기둥간 최소 거리는 10m 이상으로 하고, 측고 상승 높이 차이는 10cm 미만을 유지할 것

Ⅱ. 지역별 내재해 규격 적용 목록

1. 특·광역시

○ 서울특별시 (적설심 26cm, 풍속 30m/s)

규격명	설계도·시방서 쪽 번호			규격명	설계도·시방서 쪽 번호		
	설계도면	시방서	자재내역		설계도면	시방서	자재내역
<연동비닐하우스>				<철재인삼재배시설>			
07-연동-1	36-52	53-59	60-63	07-철인-A	551	558	550
08-연동-1	66-78	79-85	86-89	07-철인-A-1	553	558	552
10-연동-1	91-106	107-112	113-115	07-철인-A-2	555	558	554
10-연동-2	117-133	134-139	140-143	07-철인-A-3	557	558	556
12-연동-1	145-162	163-168	169-173	13-철인-W	560	561	559
<단동비닐하우스>				<목재인삼재배시설>			
07-단동-1	175-176	213-216	230	13-목인-A	565	-	564
07-단동-2	177-178	213-216	231	13-목인-A-1	567	574	566
07-단동-3	179-180	213-216	232	13-목인-A-2	569	574	568
07-단동-4	181-182	213-216	233	13-목인-A-3	571	574	570
10-단동-1	183-184	213-216	234	13-목인-A-4	573	574	572
10-단동-2	185-186	213-216	235	13-목인-B	576	-	575
10-단동-3	187-188	213-216	236	13-목인-B-1	578	-	577
10-단동-4	189-190	213-216	237	13-목인-B-2	580	-	579
10-단동-5	191-192	213-216	238	13-목인-B-3	582	-	581
10-단동-6	193-194	217-219	239-240	13-목인-B-4	584	-	583
10-단동-7	195-196	217-219	241-242	13-목인-C	586	-	585
10-단동-9	199-200	217-219	245-246	13-목인-C-1	588	595	587
07-단동-18	209-210	213-216	252	13-목인-C-2	590	595	589
12-단동-1	211-212	226-229	253				
				<민간개발규격>			
<광폭비닐하우스>				07-단동(민)-4	443-449	460-461	465
10-광폭-1	255-264	275-282	283-284	08-단동(민)-1	495-499	505-506	507-511
10-광폭-2	265-274	275-282	285-286	07-연동(민)-1	450-459	460-461	467-468
				08-연동(민)-1	500-504	505-506	507-511
<과수비닐하우스>				10-광폭(민)-1	470-474	485-487	488-489
07-포도-1	361-371	382-389	398-400	10-광폭(민)-2	475-479	485-487	490-491
10-포도-1	372-381	390-397	401-403	10-광폭(민)-3	480-484	485-487	492-493
08-감귤-1	405-417	418-425	426-428				
<간이버섯재배사>							
08-버섯-1	513-521	532-541	542-545				
08-버섯-2	522-531	532-541	542-545				

○ 세종특별자치시 (적설심 30cm, 풍속 28m/s)

규격명	설계도 · 시방서 쪽 번호			규격명	설계도 · 시방서 쪽 번호		
	설계도면	시방서	자재내역		설계도면	시방서	자재내역
<연동비닐하우스>				<철재인삼재배시설>			
07-연동-1	36-52	53-59	60-63	07-철인-A	551	558	550
08-연동-1	66-78	79-85	86-89	07-철인-A-1	553	558	552
10-연동-1	91-106	107-112	113-115				
10-연동-2	117-133	134-139	140-143	<목재인삼재배시설>			
12-연동-1	145-162	163-168	169-173	13-목인-A	565	-	564
				13-목인-A-1	567	574	566
<단동비닐하우스>				13-목인-A-2	569	574	568
07-단동-1	175-176	213-216	230	13-목인-B	576	-	575
07-단동-2	177-178	213-216	231	13-목인-B-1	578	-	577
07-단동-3	179-180	213-216	232	13-목인-B-2	580	-	579
07-단동-4	181-182	213-216	233	13-목인-B-3	582	-	581
10-단동-1	183-184	213-216	234	13-목인-B-4	584	-	583
10-단동-2	185-186	213-216	235	13-목인-C	586	-	585
10-단동-3	187-188	213-216	236	13-목인-C-1	588	595	587
10-단동-4	189-190	213-216	237				
10-단동-5	191-192	213-216	238	<민간개발규격>			
10-단동-10	201-202	220-225	247	07-단동(민)-4	443-449	460-461	465
10-단동-13	207-208	220-225	251	08-단동(민)-1	495-499	505-506	507-511
07-단동-18	209-210	213-216	252	07-연동(민)-1	450-459	460-461	467-468
12-단동-1	211-212	226-229	253	08-연동(민)-1	500-504	505-506	507-511
				10-광폭(민)-1	470-474	485-487	488-489
<광폭비닐하우스>				10-광폭(민)-2	475-479	485-487	490-491
10-광폭-1	255-264	275-282	283-284	10-광폭(민)-3	480-484	485-487	492-493
10-광폭-2	265-274	275-282	285-286				
<과수비닐하우스>							
07-포도-1	361-371	382-389	398-400				
10-포도-1	372-381	390-397	401-403				
08-감귤-1	405-417	418-425	426-428				
<간이버섯재배사>							
08-버섯-1	513-521	532-541	542-545				
08-버섯-2	522-531	532-541	542-545				

○ 광주광역시 (적설심 36cm, 풍속 32m/s)

규격명	설계도·시방서 쪽 번호			규격명	설계도·시방서 쪽 번호		
	설계도면	시방서	자재내역		설계도면	시방서	자재내역
<연동비닐하우스>				<철재인삼재배시설>			
07-연동-1	36-52	53-59	60-63	07-철인-A	551	558	550
08-연동-1	66-78	79-85	86-89	07-철인-A-1	553	558	552
10-연동-1	91-106	107-112	113-115				
10-연동-2	117-133	134-139	140-143	<목재인삼재배시설>			
12-연동-1	145-162	163-168	169-173	13-목인-A	565	-	564
				13-목인-A-1	567	574	566
<단동비닐하우스>				13-목인-B	576	-	575
07-단동-1	175-176	213-216	230	13-목인-B-1	578	-	577
07-단동-2	177-178	213-216	231	13-목인-B-2	580	-	579
07-단동-3	179-180	213-216	232	13-목인-C	586	-	585
07-단동-4	181-182	213-216	233				
10-단동-1	183-184	213-216	234				
10-단동-2	185-186	213-216	235	<민간개발규격>			
10-단동-3	187-188	213-216	236	07-단동(민)-4	443-449	460-461	465
10-단동-4	189-190	213-216	237	08-단동(민)-1	495-499	505-506	507-511
07-단동-18	209-210	213-216	252	07-연동(민)-1	450-459	460-461	467-468
12-단동-1	211-212	226-229	253	08-연동(민)-1	500-504	505-506	507-511
				10-광폭(민)-1	470-474	485-487	488-489
<과수비닐하우스>				10-광폭(민)-2	475-479	485-487	490-491
07-포도-1	361-371	382-389	398-400	10-광폭(민)-3	480-484	485-487	492-493
10-포도-1	372-381	390-397	401-403				
08-감귤-1	405-417	418-425	426-428				
<간이버섯재배사>							
08-버섯-1	513-521	532-541	542-545				
08-버섯-2	522-531	532-541	542-545				

○ 대구광역시 (적설심 20cm, 풍속 28m/s)

규격명	설계도 · 시방서 쪽 번호			규격명	설계도 · 시방서 쪽 번호		
	설계도면	시방서	자재내역		설계도면	시방서	자재내역
<연동비닐하우스>				<철재인삼재배시설>			
07-연동-1	36-52	53-59	60-63	07-철인-A	551	558	550
08-연동-1	66-78	79-85	86-89	07-철인-A-1	553	558	552
10-연동-1	91-106	107-112	113-115	07-철인-A-2	555	558	554
10-연동-2	117-133	134-139	140-143	07-철인-A-3	557	558	556
12-연동-1	145-162	163-168	169-173	13-철인-W	560	561	559
<단동비닐하우스>				<목재인삼재배시설>			
07-단동-1	175-176	213-216	230	13-목인-A	565	-	564
07-단동-2	177-178	213-216	231	13-목인-A-1	567	574	566
07-단동-3	179-180	213-216	232	13-목인-A-2	569	574	568
07-단동-4	181-182	213-216	233	13-목인-A-3	571	574	570
10-단동-1	183-184	213-216	234	13-목인-A-4	573	574	572
10-단동-2	185-186	213-216	235	13-목인-B	576	-	575
10-단동-3	187-188	213-216	236	13-목인-B-1	578	-	577
10-단동-4	189-190	213-216	237	13-목인-B-2	580	-	579
10-단동-5	191-192	213-216	238	13-목인-B-3	582	-	581
10-단동-6	193-194	217-219	239-240	13-목인-B-4	584	-	583
10-단동-7	195-196	217-219	241-242	13-목인-C	586	-	585
10-단동-8	197-198	217-219	243-244	13-목인-C-1	588	595	587
10-단동-9	199-200	217-219	245-246	13-목인-C-2	590	595	589
10-단동-10	201-202	220-225	247	13-목인-C-3	592	595	591
10-단동-13	207-208	220-225	251	13-목인-C-4	594	595	593
07-단동-18	209-210	213-216	252				
12-단동-1	211-212	226-229	253	<민간개발규격>			
<광폭비닐하우스>				07-단동(민)-4	443-449	460-461	465
10-광폭-1	255-264	275-282	283-284	08-단동(민)-1	495-499	505-506	507-511
10-광폭-2	265-274	275-282	285-286	07-연동(민)-1	450-459	460-461	467-468
13-광폭-1	288-295	339-347	348-349	08-연동(민)-1	500-504	505-506	507-511
13-광폭-2	296-303	339-347	350-351	10-광폭(민)-1	470-474	485-487	488-489
13-광폭-3	304-311	339-347	352-353	10-광폭(민)-2	475-479	485-487	490-491
<과수비닐하우스>				10-광폭(민)-3	480-484	485-487	492-493
07-포도-1	361-371	382-389	398-400				
10-포도-1	372-381	390-397	401-403				
08-감귤-1	405-417	418-425	426-428				
<간이버섯재배사>							
08-버섯-1	513-521	532-541	542-545				
08-버섯-2	522-531	532-541	542-545				

○ 대전광역시 (적설심 30cm, 풍속 32m/s)

규격명	설계도·시방서 쪽 번호			규격명	설계도·시방서 쪽 번호		
	설계도면	시방서	자재내역		설계도면	시방서	자재내역
<연동비닐하우스>				<철재인삼재배시설>			
07-연동-1	36-52	53-59	60-63	07-철인-A	551	558	550
08-연동-1	66-78	79-85	86-89	07-철인-A-1	553	558	552
10-연동-1	91-106	107-112	113-115				
10-연동-2	117-133	134-139	140-143	<목재인삼재배시설>			
12-연동-1	145-162	163-168	169-173	13-목인-A	565	-	564
				13-목인-A-1	567	574	566
<단동비닐하우스>				13-목인-A-2	569	574	568
07-단동-1	175-176	213-216	230	13-목인-B	576	-	575
07-단동-2	177-178	213-216	231	13-목인-B-1	578	-	577
07-단동-3	179-180	213-216	232	13-목인-B-2	580	-	579
07-단동-4	181-182	213-216	233	13-목인-B-3	582	-	581
10-단동-1	183-184	213-216	234	13-목인-B-4	584	-	583
10-단동-2	185-186	213-216	235	13-목인-C	586	-	585
10-단동-3	187-188	213-216	236	13-목인-C-1	588	595	587
10-단동-4	189-190	213-216	237				
10-단동-5	191-192	213-216	238	<민간개발규격>			
07-단동-18	209-210	213-216	252	07-단동(민)-4	443-449	460-461	465
12-단동-1	211-212	226-229	253	08-단동(민)-1	495-499	505-506	507-511
				07-연동(민)-1	450-459	460-461	467-468
<광폭비닐하우스>				08-연동(민)-1	500-504	505-506	507-511
10-광폭-1	255-264	275-282	283-284	10-광폭(민)-1	470-474	485-487	488-489
10-광폭-2	265-274	275-282	285-286	10-광폭(민)-2	475-479	485-487	490-491
				10-광폭(민)-3	480-484	485-487	492-493
<과수비닐하우스>							
07-포도-1	361-371	382-389	398-400				
10-포도-1	372-381	390-397	401-403				
08-감귤-1	405-417	418-425	426-428				
<간이버섯재배사>							
08-버섯-1	513-521	532-541	542-545				
08-버섯-2	522-531	532-541	542-545				

○ 부산광역시 (적설심 24cm, 풍속 36m/s)

규격명	설계도 · 시방서 쪽 번호			규격명	설계도 · 시방서 쪽 번호		
	설계도면	시방서	자재내역		설계도면	시방서	자재내역
<연동비닐하우스>				<철재인삼재배시설>			
07-연동-1	36-52	53-59	60-63	07-철인-A	551	558	550
08-연동-1	66-78	79-85	86-89	07-철인-A-1	553	558	552
10-연동-1	91-106	107-112	113-115	07-철인-A-2	555	558	554
10-연동-2	117-133	134-139	140-143	07-철인-A-3	557	558	556
12-연동-1	145-162	163-168	169-173	13-철인-W	560	561	559
<단동비닐하우스>				<목재인삼재배시설>			
07-단동-3	179-180	213-216	232	13-목인-A	565	-	564
07-단동-4	181-182	213-216	233	13-목인-A-1	567	574	566
10-단동-6	193-194	217-219	239-240	13-목인-A-2	569	574	568
10-단동-7	195-196	217-219	241-242	13-목인-A-3	571	574	570
10-단동-9	199-200	217-219	245-246	13-목인-A-4	573	574	572
07-단동-18	209-210	213-216	283-284	13-목인-B	576	-	575
12-단동-1	211-212	226-229	285-286	13-목인-B-1	578	-	577
				13-목인-B-2	580	-	579
<광폭비닐하우스>				13-목인-B-3	582	-	581
10-광폭-1	255-264	275-282	283-284	13-목인-B-4	584	-	583
10-광폭-2	265-274	275-282	285-286	13-목인-C	586	-	585
				13-목인-C-1	588	595	587
<과수비닐하우스>				13-목인-C-2	590	595	589
08-감귤-1	405-417	418-425	426-428	13-목인-C-3	592	595	591
<간이버섯재배사>				<민간개발규격>			
08-버섯-1	513-521	532-541	542-545	10-광폭(민)-1	470-474	485-487	488-489
08-버섯-2	522-531	532-541	542-545				

○ 울산광역시 (적설심 20cm, 풍속 32m/s)

규격명	설계도·시방서 쪽 번호			규격명	설계도·시방서 쪽 번호		
	설계도면	시방서	자재내역		설계도면	시방서	자재내역
<연동비닐하우스>				<철재인삼재배시설>			
07-연동-1	36-52	53-59	60-63	07-철인-A	551	558	550
08-연동-1	66-78	79-85	86-89	07-철인-A-1	553	558	552
10-연동-1	91-106	107-112	113-115	07-철인-A-2	555	558	554
10-연동-2	117-133	134-139	140-143	07-철인-A-3	557	558	556
12-연동-1	145-162	163-168	169-173	13-철인-W	560	561	559
<단동비닐하우스>				<목재인삼재배시설>			
07-단동-1	175-176	213-216	230	13-목인-A	565	-	564
07-단동-2	177-178	213-216	231	13-목인-A-1	567	574	566
07-단동-3	179-180	213-216	232	13-목인-A-2	569	574	568
07-단동-4	181-182	213-216	233	13-목인-A-3	571	574	570
10-단동-1	183-184	213-216	234	13-목인-A-4	573	574	572
10-단동-2	185-186	213-216	235	13-목인-B	576	-	575
10-단동-3	187-188	213-216	236	13-목인-B-1	578	-	577
10-단동-4	189-190	213-216	237	13-목인-B-2	580	-	579
10-단동-5	191-192	213-216	238	13-목인-B-3	582	-	581
10-단동-6	193-194	217-219	239-240	13-목인-B-4	584	-	583
10-단동-7	195-196	217-219	241-242	13-목인-C	586	-	585
10-단동-8	197-198	217-219	243-244	13-목인-C-1	588	595	587
10-단동-9	199-200	217-219	245-246	13-목인-C-2	590	595	589
07-단동-18	209-210	213-216	252	13-목인-C-3	592	595	591
12-단동-1	211-212	226-229	253	13-목인-C-4	594	595	593
<광폭비닐하우스>				<민간개발규격>			
10-광폭-1	255-264	275-282	283-284	07-단동(민)-4	443-449	460-461	465
10-광폭-2	265-274	275-282	285-286	08-단동(민)-1	495-499	505-506	507-511
				07-연동(민)-1	450-459	460-461	467-468
<과수비닐하우스>				08-연동(민)-1	500-504	505-506	507-511
07-포도-1	361-371	382-389	398-400	10-광폭(민)-1	470-474	485-487	488-489
10-포도-1	372-381	390-397	401-403	10-광폭(민)-2	475-479	485-487	490-491
08-감귤-1	405-417	418-425	426-428	10-광폭(민)-3	480-484	485-487	492-493
<간이버섯재배사>							
08-버섯-1	513-521	532-541	542-545				
08-버섯-2	522-531	532-541	542-545				

○ 울주군 (적설심 20cm, 풍속 32m/s)

규격명	설계도·시방서 쪽 번호			규격명	설계도·시방서 쪽 번호		
	설계도면	시방서	자재내역		설계도면	시방서	자재내역
<연동비닐하우스>				<철재인삼재배시설>			
07-연동-1	36-52	53-59	60-63	7-철인-A	551	558	550
08-연동-1	66-78	79-85	86-89	07-철인-A-1	553	558	552
10-연동-1	91-106	107-112	113-115	07-철인-A-2	555	558	554
10-연동-2	117-133	134-139	140-143	07-철인-A-3	557	558	556
12-연동-1	145-162	163-168	169-173	13-철인-W	560	561	559
<단동비닐하우스>				<목재인삼재배시설>			
07-단동-1	175-176	213-216	230	13-목인-A	565	-	564
07-단동-2	177-178	213-216	231	13-목인-A-1	567	574	566
07-단동-3	179-180	213-216	232	13-목인-A-2	569	574	568
07-단동-4	181-182	213-216	233	13-목인-A-3	571	574	570
10-단동-1	183-184	213-216	234	13-목인-A-4	573	574	572
10-단동-2	185-186	213-216	235	13-목인-B	576	-	575
10-단동-3	187-188	213-216	236	13-목인-B-1	578	-	577
10-단동-4	189-190	213-216	237	13-목인-B-2	580	-	579
10-단동-5	191-192	213-216	238	13-목인-B-3	582	-	581
10-단동-6	193-194	217-219	239-240	13-목인-B-4	584	-	583
10-단동-7	195-196	217-219	241-242	13-목인-C	586	-	585
10-단동-8	197-198	217-219	243-244	13-목인-C-1	588	595	587
10-단동-9	199-200	217-219	245-246	13-목인-C-2	590	595	589
07-단동-18	209-210	213-216	252	13-목인-C-3	592	595	591
12-단동-1	211-212	226-229	253	13-목인-C-4	594	595	593
<광폭비닐하우스>							
10-광폭-1	255-264	275-282	283-284	<민간개발규격>			
10-광폭-2	265-274	275-282	285-286	07-단동(민)-4	443-449	460-461	465
				08-단동(민)-1	495-499	505-506	507-511
<과수비닐하우스>				07-연동(민)-1	450-459	460-461	467-468
07-포도-1	361-371	382-389	398-400	08-연동(민)-1	500-504	505-506	507-511
10-포도-1	372-381	390-397	401-403	10-광폭(민)-1	470-474	485-487	488-489
08-감귤-1	405-417	418-425	426-428	10-광폭(민)-2	475-479	485-487	490-491
				10-광폭(민)-3	480-484	485-487	492-493
<간이버섯재배사>							
08-버섯-1	513-521	532-541	542-545				
08-버섯-2	522-531	532-541	542-545				

◯ 인천광역시 (적설심 26cm, 풍속 34m/s)

규격명	설계도·시방서 쪽 번호			규격명	설계도·시방서 쪽 번호		
	설계도면	시방서	자재내역		설계도면	시방서	자재내역
<연동비닐하우스>				<철재인삼재배시설>			
07-연동-1	36-52	53-59	60-63	07-철인-A	551	558	550
08-연동-1	66-78	79-85	86-89	07-철인-A-1	553	558	552
10-연동-1	91-106	107-112	113-115	07-철인-A-2	555	558	554
10-연동-2	117-133	134-139	140-143	07-철인-A-3	557	558	556
12-연동-1	145-162	163-168	169-173	13-철인-W	560	561	559
<단동비닐하우스>				<목재인삼재배시설>			
07-단동-1	175-176	213-216	230	13-목인-A	565	-	564
07-단동-2	177-178	213-216	231	13-목인-A-1	567	574	566
07-단동-3	179-180	213-216	232	13-목인-A-2	569	574	568
07-단동-4	181-182	213-216	233	13-목인-A-3	571	574	570
10-단동-2	185-186	213-216	235	13-목인-A-4	573	574	572
10-단동-4	189-190	213-216	237	13-목인-B	576	-	575
10-단동-6	193-194	217-219	239-240	13-목인-B-1	578	-	577
10-단동-7	195-196	217-219	241-424	13-목인-B-2	580	-	579
10-단동-9	199-200	217-219	245-246	13-목인-B-3	582	-	581
07-단동-18	209-210	213-216	252	13-목인-B-4	584	-	583
12-단동-1	211-212	226-229	253	13-목인-C	586	-	585
				13-목인-C-1	588	595	587
				13-목인-C-2	590	595	589
<광폭비닐하우스>							
10-광폭-1	255-264	275-282	283-284	<민간개발규격>			
10-광폭-2	265-274	275-282	285-286	07-단동(민)-4	443-449	460-461	465
				08-단동(민)-1	495-499	505-506	507-511
<과수비닐하우스>				07-연동(민)-1	450-459	460-461	467-468
07-포도-1	361-371	382-389	398-400	10-광폭(민)-1	470-474	485-487	488-489
10-포도-1	372-381	390-397	401-403	10-광폭(민)-2	475-479	485-487	490-491
08-감귤-1	405-417	418-425	426-428	10-광폭(민)-3	480-484	485-487	492-493
<간이버섯재배사>							
08-버섯-1	513-521	532-541	542-545				
08-버섯-2	522-531	532-541	542-545				

○ 강화군 (적설심 22cm, 풍속 28m/s)

규격명	설계도·시방서 쪽 번호			규격명	설계도·시방서 쪽 번호		
	설계도면	시방서	자재내역		설계도면	시방서	자재내역
<연동비닐하우스>				<철재인삼재배시설>			
07-연동-1	36-52	53-59	60-63	07-철인-A	551	558	550
08-연동-1	66-78	79-85	86-89	07-철인-A-1	553	558	552
10-연동-1	91-106	107-112	113-115	07-철인-A-2	555	558	554
10-연동-2	117-133	134-139	140-143	07-철인-A-3	557	558	556
12-연동-1	145-162	163-168	169-173	13-철인-W	560	561	559
<단동비닐하우스>				<목재인삼재배시설>			
07-단동-1	175-176	213-216	230	13-목인-A	565	-	564
07-단동-2	177-178	213-216	231	13-목인-A-1	567	574	566
07-단동-3	179-180	213-216	232	13-목인-A-2	569	574	568
07-단동-4	181-182	213-216	233	13-목인-A-3	571	574	570
10-단동-1	183-184	213-216	234	13-목인-A-4	573	574	572
10-단동-2	185-186	213-216	235	13-목인-B	576	-	575
10-단동-3	187-188	213-216	236	13-목인-B-1	578	-	577
10-단동-4	189-190	213-216	237	13-목인-B-2	580	-	579
10-단동-5	191-192	213-216	238	13-목인-B-3	582	-	581
10-단동-6	193-194	217-219	239-240	13-목인-B-4	584	-	583
10-단동-7	195-196	217-219	241-242	13-목인-C	586	-	585
10-단동-8	197-198	217-219	243-244	13-목인-C-1	588	595	587
10-단동-9	199-200	217-219	245-246	13-목인-C-2	590	595	589
10-단동-10	201-202	220-225	247	13-목인-C-3	592	595	591
10-단동-13	207-208	220-225	251	13-목인-C-4	594	595	593
07-단동-18	209-210	213-216	252				
12-단동-1	211-212	226-229	253	<민간개발규격>			
<광폭비닐하우스>				07-단동(민)-4	443-449	460-461	465
10-광폭-1	255-264	275-282	283-284	08-단동(민)-1	495-499	505-506	507-511
10-광폭-2	265-274	275-282	285-286	07-연동(민)-1	450-459	460-461	467-468
13-광폭-1	288-295	339-347	348-349	08-연동(민)-1	500-504	505-506	507-511
13-광폭-2	296-303	339-347	350-351	10-광폭(민)-1	470-474	485-487	488-489
13-광폭-3	304-311	339-347	352-353	10-광폭(민)-2	475-479	485-487	490-491
<과수비닐하우스>				10-광폭(민)-3	480-484	485-487	492-493
07-포도-1	361-371	382-389	398-400				
10-포도-1	372-381	390-397	401-403				
08-감귤-1	405-417	418-425	426-428				
<간이버섯재배사>							
08-버섯-1	513-521	532-541	542-545				
08-버섯-2	522-531	532-541	542-545				

○ 옹진군 (적설심 26cm, 풍속 34m/s)

규격명	설계도·시방서 쪽 번호			규격명	설계도·시방서 쪽 번호		
	설계도면	시방서	자재내역		설계도면	시방서	자재내역
<연동비닐하우스>				<철재인삼재배시설>			
07-연동-1	36-52	53-59	60-63	07-철인-A	551	558	550
08-연동-1	66-78	79-85	86-89	07-철인-A-1	553	558	552
10-연동-1	91-106	107-112	113-115	07-철인-A-2	555	558	554
10-연동-2	117-133	134-139	140-143	07-철인-A-3	557	558	556
12-연동-1	145-162	163-168	169-173	13-철인-W	560	561	559
<단동비닐하우스>				<목재인삼재배시설>			
07-단동-1	175-176	213-216	230	13-목인-A	565	-	564
07-단동-2	177-178	213-216	231	13-목인-A-1	567	574	566
07-단동-3	179-180	213-216	232	13-목인-A-2	569	574	568
07-단동-4	181-182	213-216	233	13-목인-A-3	571	574	570
10-단동-2	185-186	213-216	235	13-목인-A-4	573	574	572
10-단동-4	189-190	213-216	237	13-목인-B	576	-	575
10-단동-6	193-194	217-219	239-240	13-목인-B-1	578	-	577
10-단동-7	195-196	217-219	241-242	13-목인-B-2	580	-	579
10-단동-9	199-200	217-219	245-246	13-목인-B-3	582	-	581
07-단동-18	209-210	213-216	252	13-목인-B-4	584	-	583
12-단동-1	211-212	226-229	253	13-목인-C	586	-	585
				13-목인-C-1	588	595	587
<광폭비닐하우스>				13-목인-C-2	590	595	589
10-광폭-1	255-264	275-282	283-284				
10-광폭-2	265-274	275-282	285-286	<민간개발규격>			
				07-단동(민)-4	443-449	460-461	465
<과수비닐하우스>				08-단동(민)-1	495-499	505-506	507-511
07-포도-1	361-371	382-389	398-400	07-연동(민)-1	450-459	460-461	467-468
10-포도-1	372-381	390-397	401-403	10-광폭(민)-1	470-474	485-487	488-489
08-감귤-1	405-417	418-425	426-428	10-광폭(민)-2	475-479	485-487	490-491
				10-광폭(민)-3	480-484	485-487	492-493
<간이버섯재배사>							
08-버섯-1	513-521	532-541	542-545				
08-버섯-2	522-531	532-541	542-545				

2. 강원도

○ 강릉시 (적설심 40cm, 풍속 38m/s)

규격명	설계도·시방서 쪽 번호			규격명	설계도·시방서 쪽 번호		
	설계도면	시방서	자재내역		설계도면	시방서	자재내역
<연동비닐하우스>				<철재인삼재배시설>			
07-연동-1	36-52	53-59	60-63	07-철인-A	551	558	550
10-연동-1	91-106	107-112	113-115	07-철인-A-1	553	558	552
10-연동-2	117-133	134-139	140-143				
12-연동-1	145-162	163-168	169-173	<목재인삼재배시설>			
				13-목인-A	565	-	564
<단동비닐하우스>				13-목인-A-1	567	574	566
07-단동-18	209-210	213-216	252	13-목인-B	576	-	575
12-단동-1	211-212	226-229	253	13-목인-B-1	578	-	577
				13-목인-C	586	-	585
<과수비닐하우스>							
08-감귤-1	405-417	418-425	426-428	<민간개발규격>			
<간이버섯재배사>				10-광폭(민)-1	470-474	485-487	488-489
08-버섯-1	513-521	532-541	542-545				
08-버섯-2	522-531	532-541	542-545				

○ **고성군** (적설심 40cm, 풍속 40m/s)

규격명	설계도·시방서 쪽 번호			규격명	설계도·시방서 쪽 번호		
	설계도면	시방서	자재내역		설계도면	시방서	자재내역
<연동비닐하우스>				<철재인삼재배시설>			
07-연동-1	36-52	53-59	60-63	07-철인-A	551	558	550
10-연동-1	91-106	107-112	113-115	07-철인-A-1	553	558	552
10-연동-2	117-133	134-139	140-143				
12-연동-1	145-162	163-168	169-173	<목재인삼재배시설>			
				13-목인-A	565	-	564
<단동비닐하우스>				13-목인-A-1	567	574	566
07-단동-18	209-210	213-216	252	13-목인-B	576	-	575
12-단동-1	211-212	226-229	253	13-목인-B-1	578	-	577
				13-목인-C	586	-	585
<과수비닐하우스>							
08-감귤-1	405-417	418-425	426-428	<민간개발규격>			
				10-광폭(민)-1	470-474	485-487	488-489
<간이버섯재배사>							
08-버섯-1	513-521	532-541	542-545				
08-버섯-2	522-531	532-541	542-545				

○ **대관령**(평창군 대관령면/강릉시 성산면) (적설심 40cm, 풍속 40m/s)

규격명	설계도 · 시방서 쪽 번호			규격명	설계도 · 시방서 쪽 번호		
	설계도면	시방서	자재내역		설계도면	시방서	자재내역
<연동비닐하우스>				<철재인삼재배시설>			
07-연동-1	36-52	53-59	60-63	07-철인-A	551	558	550
10-연동-1	91-106	107-112	113-115	07-철인-A-1	553	558	552
10-연동-2	117-133	134-139	140-143				
12-연동-1	145-162	163-168	169-173	<목재인삼재배시설>			
				13-목인-A	565	-	564
<단동비닐하우스>				13-목인-A-1	567	574	566
07-단동-18	209-210	213-216	252	13-목인-B	576	-	575
12-단동-1	211-212	226-229	253	13-목인-B-1	578	-	577
				13-목인-C	586	-	585
<과수비닐하우스>							
08-감귤-1	405-417	418-425	426-428	<민간개발규격>			
				10-광폭(민)-1	470-474	485-487	488-489
<간이버섯재배사>							
08-버섯-1	513-521	532-541	542-545				
08-버섯-2	522-531	532-541	542-545				

○ 동해시 (적설심 40cm, 풍속 38m/s)

규격명	설계도 · 시방서 쪽 번호			규격명	설계도 · 시방서 쪽 번호		
	설계도면	시방서	자재내역		설계도면	시방서	자재내역
<연동비닐하우스>				<철재인삼재배시설>			
07-연동-1	36-52	53-59	60-63	07-철인-A	551	558	550
10-연동-1	91-106	107-112	113-115	07-철인-A-1	553	558	552
10-연동-2	117-133	134-139	140-143				
12-연동-1	145-162	163-168	169-173	<목재인삼재배시설>			
				13-목인-A	565	-	564
<단동비닐하우스>				13-목인-A-1	567	574	566
07-단동-18	209-210	213-216	252	13-목인-B	576	-	575
12-단동-1	211-212	226-229	253	13-목인-B-1	578	-	577
				13-목인-C	586	-	585
<과수비닐하우스>							
08-감귤-1	405-417	418-425	426-428	<민간개발규격>			
				10-광폭(민)-1	470-474	485-487	488-489
<간이버섯재배사>							
08-버섯-1	513-521	532-541	542-545				
08-버섯-2	522-531	532-541	542-545				

○ 삼척시 (적설심 40cm, 풍속 26m/s)

규격명	설계도·시방서 쪽 번호			규격명	설계도·시방서 쪽 번호		
	설계도면	시방서	자재내역		설계도면	시방서	자재내역
<연동비닐하우스>				<철재인삼재배시설>			
07-연동-1	36-52	53-59	60-63	07-철인-A	551	558	550
08-연동-1	66-78	79-85	86-89	07-철인-A-1	553	558	552
10-연동-1	91-106	107-112	113-115	<목재인삼재배시설>			
10-연동-2	117-133	134-139	140-143	13-목인-A	565	-	564
12-연동-1	145-162	163-168	169-173	13-목인-A-1	567	574	566
				13-목인-B	576	-	575
<단동비닐하우스>				13-목인-B-1	578	-	577
07-단동-1	175-176	213-216	230	13-목인-C	586	-	585
07-단동-2	177-178	213-216	231				
07-단동-3	179-180	213-216	232	<민간개발규격>			
07-단동-4	181-182	213-216	233	07-단동(민)-4	443-449	460-461	465
10-단동-1	183-184	213-216	234	08-단동(민)-1	495-499	505-506	507-511
10-단동-2	185-186	213-216	235	07-연동(민)-1	450-459	460-461	467-468
10-단동-4	189-190	213-216	236	08-연동(민)-1	500-504	505-506	507-511
07-단동-18	209-210	213-216	252	10-광폭(민)-1	470-474	485-487	488-489
12-단동-1	211-212	226-229	253	10-광폭(민)-2	475-479	485-487	490-491
				10-광폭(민)-3	480-484	485-487	492-493
<과수비닐하우스>							
07-포도-1	361-371	382-389	398-400				
10-포도-1	372-381	390-397	401-403				
08-감귤-1	405-417	418-425	426-428				
<간이버섯재배사>							
08-버섯-1	513-521	532-541	542-545				
08-버섯-2	522-531	532-541	542-545				

○ 양구군 (적설심 30cm, 풍속 30m/s)

규격명	설계도·시방서 쪽 번호			규격명	설계도·시방서 쪽 번호		
	설계도면	시방서	자재내역		설계도면	시방서	자재내역
<연동비닐하우스>				<철재인삼재배시설>			
07-연동-1	36-52	53-59	60-63	07-철인-A	551	558	550
08-연동-1	66-78	79-85	86-89	07-철인-A-1	553	558	552
10-연동-1	91-106	107-112	113-115				
10-연동-2	117-133	134-139	140-143	<목재인삼재배시설>			
12-연동-1	145-162	163-168	169-173	13-목인-A	565	-	564
				13-목인-A-1	567	574	566
<단동비닐하우스>				13-목인-A-2	569	574	568
07-단동-1	175-176	213-216	230	13-목인-B	576	-	575
07-단동-2	177-178	213-216	231	13-목인-B-1	578	-	577
07-단동-3	179-180	213-216	232	13-목인-B-2	580	-	579
07-단동-4	181-182	213-216	233	13-목인-B-3	582	-	581
10-단동-1	183-184	213-216	234	13-목인-B-4	584	-	583
10-단동-2	185-186	213-216	235	13-목인-C	586	-	585
10-단동-3	187-188	213-216	236	13-목인-C-1	588	595	587
10-단동-4	189-190	213-216	237				
10-단동-5	191-192	213-216	238	<민간개발규격>			
07-단동-18	209-210	213-216	252	07-단동(민)-4	443-449	460-461	465
12-단동-1	211-212	226-229	253	08-단동(민)-1	495-499	505-506	507-511
				07-연동(민)-1	450-459	460-461	467-468
<광폭비닐하우스>				08-연동(민)-1	500-504	505-506	507-511
10-광폭-1	255-264	275-282	283-284	10-광폭(민)-1	470-474	485-487	488-489
10-광폭-2	265-274	275-282	285-286	10-광폭(민)-2	475-479	485-487	490-491
				10-광폭(민)-3	480-484	485-487	492-493
<과수비닐하우스>							
07-포도-1	361-371	382-389	398-400				
10-포도-1	372-381	390-397	401-403				
08-감귤-1	405-417	418-425	426-428				
<간이버섯재배사>							
08-버섯-1	513-521	532-541	542-545				
08-버섯-2	522-531	532-541	542-545				

○ 양양군 (적설심 40cm, 풍속 40m/s)

규격명	설계도·시방서 쪽 번호			규격명	설계도·시방서 쪽 번호		
	설계도면	시방서	자재내역		설계도면	시방서	자재내역
<연동비닐하우스>				<철재인삼재배시설>			
07-연동-1	36-52	53-59	60-63	07-철인-A	551	558	550
10-연동-1	91-106	107-112	113-115	07-철인-A-1	553	558	552
10-연동-2	117-133	134-139	140-143				
12-연동-1	145-162	163-168	169-173	<목재인삼재배시설>			
				13-목인-A	565	-	564
<단동비닐하우스>				13-목인-A-1	567	574	566
07-단동-18	209-210	213-216	252	13-목인-B	576	-	575
12-단동-1	211-212	226-229	253	13-목인-B-1	578	-	577
				13-목인-C	586	-	585
<과수비닐하우스>							
08-감귤-1	405-417	418-425	426-428	<민간개발규격>			
				10-광폭(민)-1	470-474	485-487	488-489
<간이버섯재배사>							
08-버섯-1	513-521	532-541	542-545				
08-버섯-2	522-531	532-541	542-545				

○ 영월군 (적설심 30cm, 풍속 30m/s)

규격명	설계도 · 시방서 쪽 번호			규격명	설계도 · 시방서 쪽 번호		
	설계도면	시방서	자재내역		설계도면	시방서	자재내역
<연동비닐하우스>				<철재인삼재배시설>			
07-연동-1	36-52	53-59	60-63	07-철인-A	551	558	550
08-연동-1	66-78	79-85	86-89	07-철인-A-1	553	558	552
10-연동-1	91-106	107-112	113-115				
10-연동-2	117-133	134-139	140-143	<목재인삼재배시설>			
12-연동-1	145-162	163-168	169-173	13-목인-A	565	-	564
				13-목인-A-1	567	574	566
<단동비닐하우스>				13-목인-B	576	-	575
07-단동-1	175-176	213-216	230	13-목인-B-1	578	-	577
07-단동-2	177-178	213-216	231	13-목인-C	586	-	585
07-단동-3	179-180	213-216	232				
07-단동-4	181-182	213-216	233	<민간개발규격>			
10-단동-1	183-184	213-216	234	10-광폭(민)-1	470-474	485-487	488-489
10-단동-2	185-186	213-216	235				
10-단동-3	187-188	213-216	236				
10-단동-4	189-190	213-216	237				
10-단동-5	191-192	213-216	238				
07-단동-18	209-210	213-216	252				
12-단동-1	211-212	226-229	253				
<광폭비닐하우스>							
10-광폭-1	255-264	275-282	283-284				
10-광폭-2	265-274	275-282	285-286				
<과수비닐하우스>							
08-감귤-1	405-417	418-425	426-428				
<간이버섯재배사>							
08-버섯-1	513-521	532-541	542-545				
08-버섯-2	522-531	532-541	542-545				

○ 원주시 (적설심 26cm, 풍속 26m/s)

규격명	설계도·시방서 쪽 번호			규격명	설계도·시방서 쪽 번호		
	설계도면	시방서	자재내역		설계도면	시방서	자재내역
<연동비닐하우스>				<철재인삼재배시설>			
07-연동-1	36-52	53-59	60-63	07-철인-A	551	558	550
08-연동-1	66-78	79-85	86-89	07-철인-A-1	553	558	552
10-연동-1	91-106	107-112	113-115				
10-연동-2	117-133	134-139	140-143	<목재인삼재배시설>			
12-연동-1	145-162	163-168	169-173	13-목인-A	565	-	564
				13-목인-A-1	567	574	566
<단동비닐하우스>				13-목인-B	576	-	575
07-단동-1	175-176	213-216	230	13-목인-B-1	578	-	577
07-단동-2	177-178	213-216	231	13-목인-C	586	-	585
07-단동-3	179-180	213-216	232				
07-단동-4	181-182	213-216	233	<민간개발규격>			
10-단동-1	183-184	213-216	234	10-광폭(민)-1	470-474	485-487	488-489
10-단동-2	185-186	213-216	235				
10-단동-3	187-188	213-216	236				
10-단동-4	189-190	213-216	237				
10-단동-5	191-192	213-216	238				
10-단동-6	193-194	217-219	239-240				
10-단동-7	195-196	217-219	241-242				
10-단동-9	199-200	217-219	245-246				
10-단동-10	201-202	220-225	247				
10-단동-11	203-204	220-225	248-249				
10-단동-12	205-206	220-225	250				
10-단동-13	207-208	220-225	251				
07-단동-18	209-210	213-216	252				
12-단동-1	211-212	226-229	253				
<광폭비닐하우스>							
10-광폭-1	255-264	275-282	283-284				
10-광폭-2	265-274	275-282	285-286				
<과수비닐하우스>							
07-포도-1	361-371	382-389	398-400				
10-포도-1	372-381	390-397	401-403				
08-감귤-1	405-417	418-425	426-428				
<간이버섯재배사>							
08-버섯-1	513-521	532-541	542-545				
08-버섯-2	522-531	532-541	542-545				

○ 인제군 (적설심 30cm, 풍속 28m/s)

규격명	설계도·시방서 쪽 번호			규격명	설계도·시방서 쪽 번호		
	설계도면	시방서	자재내역		설계도면	시방서	자재내역
<연동비닐하우스>				<철재인삼재배시설>			
07-연동-1	36-52	53-59	60-63	07-철인-A	551	558	550
08-연동-1	66-78	79-85	86-89	07-철인-A-1	553	558	552
10-연동-1	91-106	107-112	113-115				
10-연동-2	117-133	134-139	140-143	<목재인삼재배시설>			
12-연동-1	145-162	163-168	169-173	13-목인-A	565	-	564
				13-목인-A-1	567	574	566
<단동비닐하우스>				13-목인-A-2	569	574	568
07-단동-1	175-176	213-216	230	13-목인-B	576	-	575
07-단동-2	177-178	213-216	231	13-목인-B-1	578	-	577
07-단동-3	179-180	213-216	232	13-목인-B-2	580	-	579
07-단동-4	181-182	213-216	233	13-목인-B-3	582	-	581
10-단동-1	183-184	213-216	234	13-목인-B-4	584	-	583
10-단동-2	185-186	213-216	235	13-목인-C	586	-	585
10-단동-3	187-188	213-216	236	13-목인-C-1	588	595	587
10-단동-4	189-190	213-216	237				
10-단동-5	191-192	213-216	238				
10-단동-10	201-202	220-225	247	<민간개발규격>			
10-단동-13	207-208	220-225	251	07-단동(민)-4	443-449	460-461	465
07-단동-18	209-210	213-216	252	08-단동(민)-1	495-499	505-506	507-511
12-단동-1	211-212	226-229	253	07-연동(민)-1	450-459	460-461	467-468
				08-연동(민)-1	500-504	505-506	507-511
<광폭비닐하우스>				10-광폭(민)-1	470-474	485-487	488-489
10-광폭-1	255-264	275-282	283-284	10-광폭(민)-2	475-479	485-487	490-491
10-광폭-2	265-274	275-282	285-286	10-광폭(민)-3	480-484	485-487	492-493
<과수비닐하우스>							
07-포도-1	361-371	382-389	398-400				
10-포도-1	372-381	390-397	401-403				
08-감귤-1	405-417	418-425	426-428				
<간이버섯재배사>							
08-버섯-1	513-521	532-541	542-545				
08-버섯-2	522-531	532-541	542-545				

○ 철원군 (적설심 22cm, 풍속 32m/s)

규격명	설계도·시방서 쪽 번호			규격명	설계도·시방서 쪽 번호		
	설계도면	시방서	자재내역		설계도면	시방서	자재내역
<연동비닐하우스>				<철재인삼재배시설>			
07-연동-1	36-52	53-59	60-63	07-철인-A	551	558	550
08-연동-1	66-78	79-85	86-89	07-철인-A-1	553	558	552
10-연동-1	91-106	107-112	113-115				
10-연동-2	117-133	134-139	140-143				
12-연동-1	145-162	163-168	169-173	<목재인삼재배시설>			
<단동비닐하우스>				13-목인-A	565	-	564
07-단동-1	175-176	213-216	230	13-목인-A-1	567	574	566
07-단동-2	177-178	213-216	231	13-목인-B	576	-	575
07-단동-3	179-180	213-216	232	13-목인-B-1	578	-	577
07-단동-4	181-182	213-216	233	13-목인-C	586	-	585
10-단동-2	185-186	213-216	235				
10-단동-4	189-190	213-216	237				
07-단동-18	209-210	213-216	252	<민간개발규격>			
12-단동-1	211-212	226-229	253	07-단동(민)-4	443-449	460-461	465
<광폭비닐하우스>				08-단동(민)-1	495-499	505-506	507-511
10-광폭-1	255-264	275-282	283-284	07-연동(민)-1	450-459	460-461	467-468
10-광폭-2	265-274	275-282	285-286	10-광폭(민)-1	470-474	485-487	488-489
				10-광폭(민)-2	475-479	485-487	490-491
<과수비닐하우스>				10-광폭(민)-3	480-484	485-487	492-493
07-포도-1	361-371	382-389	398-400				
10-포도-1	372-381	390-397	401-403				
08-감귤-1	405-417	418-425	426-428				
<간이버섯재배사>							
08-버섯-1	513-521	532-541	542-545				
08-버섯-2	522-531	532-541	542-545				

○ 춘천시 (적설심 32cm, 풍속 32m/s)

규격명	설계도·시방서 쪽 번호			규격명	설계도·시방서 쪽 번호		
	설계도면	시방서	자재내역		설계도면	시방서	자재내역
<연동비닐하우스>				<철재인삼재배시설>			
07-연동-1	36-52	53-59	60-63	07-철인-A	551	558	550
08-연동-1	66-78	79-85	86-89	07-철인-A-1	553	558	552
10-연동-1	91-106	107-112	113-115				
10-연동-2	117-133	134-139	140-143	<목재인삼재배시설>			
12-연동-1	145-162	163-168	169-173	13-목인-A	565	-	564
				13-목인-A-1	567	574	566
<단동비닐하우스>				13-목인-B	576	-	575
07-단동-1	175-176	213-216	230	13-목인-B-1	578	-	577
07-단동-2	177-178	213-216	231	13-목인-C	586	-	585
07-단동-3	179-180	213-216	232				
07-단동-4	181-182	213-216	233	<민간개발규격>			
10-단동-1	183-184	213-216	234	10-광폭(민)-1	470-474	485-487	488-489
10-단동-2	185-186	213-216	235				
10-단동-3	187-188	213-216	236				
10-단동-4	189-190	213-216	237				
10-단동-5	191-192	213-216	238				
10-단동-6	193-194	217-219	239-240				
10-단동-7	195-196	217-219	241-242				
10-단동-8	197-198	217-219	243-244				
10-단동-9	199-200	217-219	245-246				
07-단동-18	209-210	213-216	252				
12-단동-1	211-212	226-229	253				
<광폭비닐하우스>							
10-광폭-1	255-264	275-282	283-284				
10-광폭-2	265-274	275-282	285-286				
<과수비닐하우스>							
07-포도-1	361-371	382-389	398-400				
10-포도-1	372-381	390-397	401-403				
08-감귤-1	405-417	418-425	426-428				
<간이버섯재배사>							
08-버섯-1	513-521	532-541	542-545				
08-버섯-2	522-531	532-541	542-545				

○ **태백시** (적설심 40cm, 풍속 28m/s)

규격명	설계도·시방서 쪽 번호			규격명	설계도·시방서 쪽 번호		
	설계도면	시방서	자재내역		설계도면	시방서	자재내역
<연동비닐하우스>				<철재인삼재배시설>			
07-연동-1	36-52	53-59	60-63	07-철인-A	551	558	550
08-연동-1	66-78	79-85	86-89	07-철인-A-1	553	558	552
10-연동-1	91-106	107-112	113-115				
10-연동-2	117-133	134-139	140-143	<목재인삼재배시설>			
12-연동-1	145-162	163-168	169-173	13-목인-A	565	-	564
				13-목인-A-1	567	574	566
<단동비닐하우스>				13-목인-B	576	-	575
07-단동-1	175-176	213-216	230	13-목인-B-1	578	-	577
07-단동-2	177-178	213-216	231	13-목인-C	586	-	585
07-단동-3	179-180	213-216	232				
07-단동-4	181-182	213-216	233	<민간개발규격>			
10-단동-1	183-184	213-216	234	07-단동(민)-4	443-449	460-461	465
10-단동-2	185-186	213-216	235	08-단동(민)-1	495-499	505-506	507-511
10-단동-4	189-190	213-216	237	07-연동(민)-1	450-459	460-461	467-468
07-단동-18	209-210	213-216	252	08-연동(민)-1	500-504	505-506	507-511
12-단동-1	211-212	226-229	253	10-광폭(민)-1	470-474	485-487	488-489
				10-광폭(민)-2	475-479	485-487	490-491
<과수비닐하우스>				10-광폭(민)-3	480-484	485-487	492-493
07-포도-1	361-371	382-389	398-400				
10-포도-1	372-381	390-397	401-403				
08-감귤-1	405-417	418-425	426-428				
<간이버섯재배사>							
08-버섯-1	513-521	532-541	542-545				
08-버섯-2	522-531	532-541	542-545				

○ **평창군** (적설심 40cm, 풍속 30m/s)

규격명	설계도 · 시방서 쪽 번호			규격명	설계도 · 시방서 쪽 번호		
	설계도면	시방서	자재내역		설계도면	시방서	자재내역
<연동비닐하우스>				<철재인삼재배시설>			
07-연동-1	36-52	53-59	60-63	07-철인-A	551	558	550
08-연동-1	66-78	79-85	86-89	07-철인-A-1	553	558	552
10-연동-1	91-106	107-112	113-115				
10-연동-2	117-133	134-139	140-143	<목재인삼재배시설>			
12-연동-1	145-162	163-168	169-173	13-목인-A	565	-	564
				13-목인-A-1	567	574	566
<단동비닐하우스>				13-목인-B	576	-	575
07-단동-1	175-176	213-216	230	13-목인-B-1	578	-	577
07-단동-2	177-178	213-216	231	13-목인-C	586	-	585
07-단동-3	179-180	213-216	232				
07-단동-4	181-182	213-216	233	<민간개발규격>			
10-단동-1	183-184	213-216	234	07-단동(민)-4	443-449	460-461	465
10-단동-2	185-186	213-216	235	08-단동(민)-1	495-499	505-506	507-511
10-단동-4	189-190	213-216	237	07-연동(민)-1	450-459	460-461	467-468
07-단동-18	209-210	213-216	252	08-연동(민)-1	500-504	505-506	507-511
12-단동-1	211-212	226-229	253	10-광폭(민)-1	470-474	485-487	488-489
				10-광폭(민)-2	475-479	485-487	490-491
<과수비닐하우스>				10-광폭(민)-3	480-484	485-487	492-493
07-포도-1	361-371	382-389	398-400				
10-포도-1	372-381	390-397	401-403				
08-감귤-1	405-417	418-425	426-428				
<간이버섯재배사>							
08-버섯-1	513-521	532-541	542-545				
08-버섯-2	522-531	532-541	542-545				

○ 홍천군 (적설심 30cm, 풍속 22m/s)

규격명	설계도·시방서 쪽 번호			규격명	설계도·시방서 쪽 번호		
	설계도면	시방서	자재내역		설계도면	시방서	자재내역
<연동비닐하우스>				<철재인삼재배시설>			
07-연동-1	36-52	53-59	60-63	07-철인-A	551	558	550
08-연동-1	66-78	79-85	86-89	07-철인-A-1	553	558	552
10-연동-1	91-106	107-112	113-115				
10-연동-2	117-133	134-139	140-143	<목재인삼재배시설>			
12-연동-1	145-162	163-168	169-173	13-목인-A	565	-	564
				13-목인-A-1	567	574	566
<단동비닐하우스>				13-목인-A-2	569	574	568
07-단동-1	175-176	213-216	230	13-목인-B	576	-	575
07-단동-2	177-178	213-216	231	13-목인-B-1	578	-	577
07-단동-3	179-180	213-216	232	13-목인-B-2	580	-	579
07-단동-4	181-182	213-216	233	13-목인-B-3	582	-	581
10-단동-1	183-184	213-216	234	13-목인-B-4	584	-	583
10-단동-2	185-186	213-216	235	13-목인-C	586	-	585
10-단동-3	187-188	213-216	236	13-목인-C-1	588	595	587
10-단동-4	189-190	213-216	237				
10-단동-5	191-192	213-216	238				
10-단동-10	201-202	220-225	247	<민간개발규격>			
10-단동-13	207-208	220-225	251	07-단동(민)-1	430-432	460-461	462
07-단동-18	209-210	213-216	252	07-단동(민)-2	433-437	460-461	463
12-단동-1	211-212	226-229	253	07-단동(민)-3	438-442	460-461	464
				07-단동(민)-4	443-449	460-461	465
<광폭비닐하우스>				08-단동(민)-1	495-499	505-506	507-511
10-광폭-1	255-264	275-282	283-284	07-연동(민)-1	450-459	460-461	467-468
10-광폭-2	265-274	275-282	285-286	08-연동(민)-1	500-504	505-506	507-511
				10-광폭(민)-1	470-474	485-487	488-489
<과수비닐하우스>				10-광폭(민)-2	475-479	485-487	490-491
07-포도-1	361-371	382-389	398-400	10-광폭(민)-3	480-484	485-487	492-493
10-포도-1	372-381	390-397	401-403				
08-감귤-1	405-417	418-425	426-428				
<간이버섯재배사>							
08-버섯-1	513-521	532-541	542-545				
08-버섯-2	522-531	532-541	542-545				

○ 화천군 (적설심28cm, 풍속 32m/s)

규격명	설계도·시방서 쪽 번호			규격명	설계도·시방서 쪽 번호		
	설계도면	시방서	자재내역		설계도면	시방서	자재내역
<연동비닐하우스>				<철재인삼재배시설>			
07-연동-1	36-52	53-59	60-63	07-철인-A	551	558	550
08-연동-1	66-78	79-85	86-89	07-철인-A-1	553	558	552
10-연동-1	91-106	107-112	113-115	07-철인-A-2	555	558	554
10-연동-2	117-133	134-139	140-143	07-철인-A-3	557	558	556
12-연동-1	145-162	163-168	169-173	13-철인-W	560	561	559
<단동비닐하우스>				<목재인삼재배시설>			
07-단동-1	175-176	213-216	230	13-목인-A	565	-	564
07-단동-2	177-178	213-216	231	13-목인-A-1	567	574	566
07-단동-3	179-180	213-216	232	13-목인-A-2	569	574	568
07-단동-4	181-182	213-216	233	13-목인-A-3	571	574	570
10-단동-1	183-184	213-216	234	13-목인-B	576	-	575
10-단동-2	185-186	213-216	235	13-목인-B-1	578	-	577
10-단동-3	187-188	213-216	236	13-목인-B-2	580	-	579
10-단동-4	189-190	213-216	237	13-목인-B-3	582	-	581
10-단동-5	191-192	213-216	238	13-목인-B-4	584	-	583
10-단동-6	193-194	217-219	239-240	13-목인-C	586	-	585
07-단동-18	209-210	213-216	252	13-목인-C-1	588	595	587
12-단동-1	211-212	226-229	253				
<광폭비닐하우스>				<민간개발규격>			
10-광폭-1	255-264	275-282	283-284	07-단동(민)-4	443-449	460-461	465
10-광폭-2	265-274	275-282	285-286	08-단동(민)-1	495-499	505-506	507-511
				07-연동(민)-1	450-459	460-461	467-468
<과수비닐하우스>				08-연동(민)-1	500-504	505-506	507-511
07-포도-1	361-371	382-389	398-400	10-광폭(민)-1	470-474	485-487	488-489
10-포도-1	372-381	390-397	401-403	10-광폭(민)-2	475-479	485-487	490-491
08-감귤-1	405-417	418-425	426-428	10-광폭(민)-3	480-484	485-487	492-493
<간이버섯재배사>							
08-버섯-1	513-521	532-541	542-545				
08-버섯-2	522-531	532-541	542-545				

◯ 횡성군 (적설심 34cm, 풍속 24m/s)

규격명	설계도·시방서 쪽 번호			규격명	설계도·시방서 쪽 번호		
	설계도면	시방서	자재내역		설계도면	시방서	자재내역
<연동비닐하우스>				<철재인삼재배시설>			
07-연동-1	36-52	53-59	60-63	07-철인-A	551	558	550
08-연동-1	66-78	79-85	86-89	07-철인-A-1	553	558	552
10-연동-1	91-106	107-112	113-115				
10-연동-2	117-133	134-139	140-143	<목재인삼재배시설>			
12-연동-1	145-162	163-168	169-173	13-목인-A	565	-	564
				13-목인-A-1	567	574	566
<단동비닐하우스>				13-목인-B	576	-	575
07-단동-1	175-176	213-216	230	13-목인-B-1	578	-	577
07-단동-2	177-178	213-216	231	13-목인-B-2	580	-	579
07-단동-3	179-180	213-216	232	13-목인-B-3	582	-	581
07-단동-4	181-182	213-216	233	13-목인-C	586	-	585
10-단동-1	183-184	213-216	234	13-목인-C-1	588	595	587
10-단동-2	185-186	213-216	235				
10-단동-3	187-188	213-216	236				
10-단동-4	189-190	213-216	237				
07-단동-18	209-210	213-216	252	<민간개발규격>			
12-단동-1	211-212	226-229	253	07-단동(민)-1	430-432	460-461	462
				07-단동(민)-2	433-437	460-461	463
<광폭비닐하우스>				07-단동(민)-3	438-442	460-461	464
10-광폭-2	265-274	275-282	285-286	07-단동(민)-4	443-449	460-461	465
				08-단동(민)-1	495-499	505-506	507-511
<과수비닐하우스>				07-연동(민)-1	450-459	460-461	467-468
07-포도-1	361-371	382-389	398-400	08-연동(민)-1	500-504	505-506	507-511
10-포도-1	372-381	390-397	401-403	10-광폭(민)-1	470-474	485-487	488-489
08-감귤-1	405-417	418-425	426-428	10-광폭(민)-2	475-479	485-487	490-491
				10-광폭(민)-3	480-484	485-487	492-493
<간이버섯재배사>							
08-버섯-1	513-521	532-541	542-545				
08-버섯-2	522-531	532-541	542-545				

3. 경기도

○ 가평군 (적설심 24cm, 풍속 30m/s)

규격명	설계도·시방서 쪽 번호			규격명	설계도·시방서 쪽 번호		
	설계도면	시방서	자재내역		설계도면	시방서	자재내역
<연동비닐하우스>				<철재인삼재배시설>			
07-연동-1	36-52	53-59	60-63	07-철인-A	551	558	550
08-연동-1	66-78	79-85	86-89	07-철인-A-1	553	558	552
10-연동-1	91-106	107-112	113-115	07-철인-A-2	555	558	554
10-연동-2	117-133	134-139	140-143	07-철인-A-3	557	558	556
12-연동-1	145-162	163-168	169-173	13-철인-W	560	561	559
<단동비닐하우스>				<목재인삼재배시설>			
07-단동-1	175-176	213-216	230	13-목인-A	565	-	564
07-단동-2	177-178	213-216	231	13-목인-A-1	567	574	566
07-단동-3	179-180	213-216	232	13-목인-A-2	569	574	568
07-단동-4	181-182	213-216	233	13-목인-A-3	571	574	570
10-단동-1	183-184	213-216	234	13-목인-A-4	573	574	572
10-단동-2	185-186	213-216	235	13-목인-B	576	-	575
10-단동-3	187-188	213-216	236	13-목인-B-1	578	-	577
10-단동-4	189-190	213-216	237	13-목인-B-2	580	-	579
10-단동-5	191-192	213-216	238	13-목인-B-3	582	-	581
10-단동-6	193-194	217-219	239-240	13-목인-B-4	584	-	583
10-단동-7	195-196	217-219	241-242	13-목인-C	586	-	585
10-단동-8	197-198	217-219	243-244	13-목인-C-1	588	595	587
10-단동-9	199-200	217-219	245-246	13-목인-C-2	590	595	589
07-단동-18	209-210	213-216	252	13-목인-C-3	592	595	591
12-단동-1	211-212	226-229	253				
				<민간개발규격>			
<광폭비닐하우스>				07-단동(민)-4	443-449	460-461	465
10-광폭-1	255-264	275-282	283-284	08-단동(민)-1	495-499	505-506	507-511
10-광폭-2	265-274	275-282	285-286	07-연동(민)-1	450-459	460-461	467-468
				08-연동(민)-1	500-504	505-506	507-511
<과수비닐하우스>				10-광폭(민)-1	470-474	485-487	488-489
07-포도-1	361-371	382-389	398-400	10-광폭(민)-2	475-479	485-487	490-491
10-포도-1	372-381	390-397	401-403	10-광폭(민)-3	480-484	485-487	492-493
08-감귤-1	405-417	418-425	426-428				
<간이버섯재배사>							
08-버섯-1	513-521	532-541	542-545				
08-버섯-2	522-531	532-541	542-545				

○ 고양시 (적설심 24cm, 풍속 30m/s)

규격명	설계도·시방서 쪽 번호			규격명	설계도·시방서 쪽 번호		
	설계도면	시방서	자재내역		설계도면	시방서	자재내역
<연동비닐하우스>				<철재인삼재배시설>			
07-연동-1	36-52	53-59	60-63	07-철인-A	551	558	550
08-연동-1	66-78	79-85	86-89	07-철인-A-1	553	558	552
10-연동-1	91-106	107-112	113-115	07-철인-A-2	555	558	554
10-연동-2	117-133	134-139	140-143	07-철인-A-3	557	558	556
12-연동-1	145-162	163-168	169-173	13-철인-W	560	561	559
<단동비닐하우스>				<목재인삼재배시설>			
07-단동-1	175-176	213-216	230	13-목인-A	565	-	564
07-단동-2	177-178	213-216	231	13-목인-A-1	567	574	566
07-단동-3	179-180	213-216	232	13-목인-A-2	569	574	568
07-단동-4	181-182	213-216	233	13-목인-A-3	571	574	570
10-단동-1	183-184	213-216	234	13-목인-A-4	573	574	572
10-단동-2	185-186	213-216	235	13-목인-B	576	-	575
10-단동-3	187-188	213-216	236	13-목인-B-1	578	-	577
10-단동-4	189-190	213-216	237	13-목인-B-2	580	-	579
10-단동-5	191-192	213-216	238	13-목인-B-3	582	-	581
10-단동-6	193-194	217-219	239-240	13-목인-B-4	584	-	583
10-단동-7	195-196	217-219	241-242	13-목인-C	586	-	585
10-단동-8	197-198	217-219	243-244	13-목인-C-1	588	595	587
10-단동-9	199-200	217-219	245-246	13-목인-C-2	590	595	589
07-단동-18	209-210	213-216	252	13-목인-C-3	592	595	591
12-단동-1	211-212	226-229	253	<민간개발규격>			
<광폭비닐하우스>				07-단동(민)-4	443-449	460-461	465
10-광폭-1	255-264	275-282	283-284	08-단동(민)-1	495-499	505-506	507-511
10-광폭-2	265-274	275-282	285-286	07-연동(민)-1	450-459	460-461	467-468
				08-연동(민)-1	500-504	505-506	507-511
<과수비닐하우스>				10-광폭(민)-1	470-474	485-487	488-489
07-포도-1	361-371	382-389	398-400	10-광폭(민)-2	475-479	485-487	490-491
10-포도-1	372-381	390-397	401-403	10-광폭(민)-3	480-484	485-487	492-493
08-감귤-1	405-417	418-425	426-428				
<간이버섯재배사>							
08-버섯-1	513-521	532-541	542-545				
08-버섯-2	522-531	532-541	542-545				

○ 과천시 (적설심 24cm, 풍속 28m/s)

규격명	설계도·시방서 쪽 번호			규격명	설계도·시방서 쪽 번호		
	설계도면	시방서	자재내역		설계도면	시방서	자재내역
<연동비닐하우스>				<철재인삼재배시설>			
07-연동-1	36-52	53-59	60-63	07-철인-A	551	558	550
08-연동-1	66-78	79-85	86-89	07-철인-A-1	553	558	552
10-연동-1	91-106	107-112	113-115	07-철인-A-2	555	558	554
10-연동-2	117-133	134-139	140-143	07-철인-A-3	557	558	556
12-연동-1	145-162	163-168	169-173	13-철인-W	560	561	559
<단동비닐하우스>				<목재인삼재배시설>			
07-단동-1	175-176	213-216	230	13-목인-A	565	-	564
07-단동-2	177-178	213-216	231	13-목인-A-1	567	574	566
07-단동-3	179-180	213-216	232	13-목인-A-2	569	574	568
07-단동-4	181-182	213-216	233	13-목인-A-3	571	574	570
10-단동-1	183-184	213-216	234	13-목인-A-4	573	574	572
10-단동-2	185-186	213-216	235	13-목인-B	576	-	575
10-단동-3	187-188	213-216	236	13-목인-B-1	578	-	577
10-단동-4	189-190	213-216	237	13-목인-B-2	580	-	579
10-단동-5	191-192	213-216	238	13-목인-B-3	582	-	581
10-단동-6	193-194	217-219	239-240	13-목인-B-4	584	-	583
10-단동-7	195-196	217-219	241-242	13-목인-C	586	-	585
10-단동-8	197-198	217-219	243-244	13-목인-C-1	588	595	587
10-단동-9	199-200	217-219	245-246	13-목인-C-2	590	595	589
10-단동-10	201-202	220-225	247	13-목인-C-3	592	595	591
10-단동-13	207-208	220-225	251				
07-단동-18	209-210	213-216	252	<민간개발규격>			
12-단동-1	211-212	226-229	253	07-단동(민)-4	443-449	460-461	465
<광폭비닐하우스>				08-단동(민)-1	495-499	505-506	507-511
10-광폭-1	255-264	275-282	283-284	07-연동(민)-1	450-459	460-461	467-468
10-광폭-2	265-274	275-282	285-286	08-연동(민)-1	500-504	505-506	507-511
13-광폭-1	288-295	339-347	348-349	10-광폭(민)-1	470-474	485-487	488-489
<과수비닐하우스>				10-광폭(민)-2	475-479	485-487	490-491
07-포도-1	361-371	382-389	398-400	10-광폭(민)-3	480-484	485-487	492-493
10-포도-1	372-381	390-397	401-403				
08-감귤-1	405-417	418-425	426-428				
<간이버섯재배사>							
08-버섯-1	513-521	532-541	542-545				
08-버섯-2	522-531	532-541	542-545				

○ 광명시 (적설심 24cm, 풍속 30m/s)

규격명	설계도·시방서 쪽 번호			규격명	설계도·시방서 쪽 번호		
	설계도면	시방서	자재내역		설계도면	시방서	자재내역
<연동비닐하우스>				<철재인삼재배시설>			
07-연동-1	36-52	53-59	60-63	07-철인-A	551	558	550
08-연동-1	66-78	79-85	86-89	07-철인-A-1	553	558	552
10-연동-1	91-106	107-112	113-115	07-철인-A-2	555	558	554
10-연동-2	117-133	134-139	140-143	07-철인-A-3	557	558	556
12-연동-1	145-162	163-168	169-173	13-철인-W	560	561	559
<단동비닐하우스>				<목재인삼재배시설>			
07-단동-1	175-176	213-216	230	13-목인-A	565	-	564
07-단동-2	177-178	213-216	231	13-목인-A-1	567	574	566
07-단동-3	179-180	213-216	232	13-목인-A-2	569	574	568
07-단동-4	181-182	213-216	233	13-목인-A-3	571	574	570
10-단동-1	183-184	213-216	234	13-목인-A-4	573	574	572
10-단동-2	185-186	213-216	235	13-목인-B	576	-	575
10-단동-3	187-188	213-216	236	13-목인-B-1	578	-	577
10-단동-4	189-190	213-216	237	13-목인-B-2	580	-	579
10-단동-5	191-192	213-216	238	13-목인-B-3	582	-	581
10-단동-6	193-194	217-219	239-240	13-목인-B-4	584	-	583
10-단동-7	195-196	217-219	241-242	13-목인-C	586	-	585
10-단동-8	197-198	217-219	243-244	13-목인-C-1	588	595	587
10-단동-9	199-200	217-219	245-246	13-목인-C-2	590	595	589
07-단동-18	209-210	213-216	252	13-목인-C-3	592	595	591
12-단동-1	211-212	226-229	253				
				<민간개발규격>			
<광폭비닐하우스>				07-단동(민)-4	443-449	460-461	465
10-광폭-1	255-264	275-282	283-284	08-단동(민)-1	495-499	505-506	507-511
10-광폭-2	265-274	275-282	285-286	07-연동(민)-1	450-459	460-461	467-468
				08-연동(민)-1	500-504	505-506	507-511
<과수비닐하우스>				10-광폭(민)-1	470-474	485-487	488-489
07-포도-1	361-371	382-389	398-400	10-광폭(민)-2	475-479	485-487	490-491
10-포도-1	372-381	390-397	401-403	10-광폭(민)-3	480-484	485-487	492-493
08-감귤-1	405-417	418-425	426-428				
<간이버섯재배사>							
08-버섯-1	513-521	532-541	542-545				
08-버섯-2	522-531	532-541	542-545				

◯ 광주시 (적설심 24cm, 풍속 26m/s)

규격명	설계도 · 시방서 쪽 번호			규격명	설계도 · 시방서 쪽 번호		
	설계도면	시방서	자재내역		설계도면	시방서	자재내역
<연동비닐하우스>				<철재인삼재배시설>			
07-연동-1	36-52	53-59	60-63	07-철인-A	551	558	550
08-연동-1	66-78	79-85	86-89	07-철인-A-1	553	558	552
10-연동-1	91-106	107-112	113-115	07-철인-A-2	555	558	554
10-연동-2	117-133	134-139	140-143	07-철인-A-3	557	558	556
12-연동-1	145-162	163-168	169-173	13-철인-W	560	561	559
<단동비닐하우스>				<목재인삼재배시설>			
07-단동-1	175-176	213-216	230	13-목인-A	565	-	564
07-단동-2	177-178	213-216	231	13-목인-A-1	567	574	566
07-단동-3	179-180	213-216	232	13-목인-A-2	569	574	568
07-단동-4	181-182	213-216	233	13-목인-A-3	571	574	570
10-단동-1	183-184	213-216	234	13-목인-A-4	573	574	572
10-단동-2	185-186	213-216	235	13-목인-B	576	-	575
10-단동-3	187-188	213-216	236	13-목인-B-1	578	-	577
10-단동-4	189-190	213-216	237	13-목인-B-2	580	-	579
10-단동-5	191-192	213-216	238	13-목인-B-3	582	-	581
10-단동-6	193-194	217-219	239-240	13-목인-B-4	584	-	583
10-단동-7	195-196	217-219	241-242	13-목인-C	586	-	585
10-단동-8	197-198	217-219	243-244	13-목인-C-1	588	595	587
10-단동-9	199-200	217-219	245-246	13-목인-C-2	590	595	589
10-단동-10	201-202	220-225	247	13-목인-C-3	592	595	591
10-단동-11	203-204	220-225	248-249				
10-단동-12	205-206	220-225	250	<민간개발규격>			
10-단동-13	207-208	220-225	251	07-단동(민)-4	443-449	460-461	465
07-단동-18	209-210	213-216	252	08-단동(민)-1	495-499	505-506	507-511
12-단동-1	211-212	226-229	253	07-연동(민)-1	450-459	460-461	467-468
<광폭비닐하우스>				08-연동(민)-1	500-504	505-506	507-511
10-광폭-1	255-264	275-282	283-284	10-광폭(민)-1	470-474	485-487	488-489
10-광폭-2	265-274	275-282	285-286	10-광폭(민)-2	475-479	485-487	490-491
13-광폭-1	288-295	339-347	348-349	10-광폭(민)-3	480-484	485-487	492-493
<과수비닐하우스>							
07-포도-1	361-371	382-389	398-400				
10-포도-1	372-381	390-397	401-403				
08-감귤-1	405-417	418-425	426-428				
<간이버섯재배사>							
08-버섯-1	513-521	532-541	542-545				
08-버섯-2	522-531	532-541	542-545				

○ 구리시 (적설심 24cm, 풍속 28m/s)

규격명	설계도·시방서 쪽 번호			규격명	설계도·시방서 쪽 번호		
	설계도면	시방서	자재내역		설계도면	시방서	자재내역
<연동비닐하우스>				<철재인삼재배시설>			
07-연동-1	36-52	53-59	60-63	07-철인-A	551	558	550
08-연동-1	66-78	79-85	86-89	07-철인-A-1	553	558	552
10-연동-1	91-106	107-112	113-115	07-철인-A-2	555	558	554
10-연동-2	117-133	134-139	140-143	07-철인-A-3	557	558	556
12-연동-1	145-162	163-168	169-173	13-철인-W	560	561	559
<단동비닐하우스>				<목재인삼재배시설>			
07-단동-1	175-176	213-216	230	13-목인-A	565	-	564
07-단동-2	177-178	213-216	231	13-목인-A-1	567	574	566
07-단동-3	179-180	213-216	232	13-목인-A-2	569	574	568
07-단동-4	181-182	213-216	233	13-목인-A-3	571	574	570
10-단동-1	183-184	213-216	234	13-목인-A-4	573	574	572
10-단동-2	185-186	213-216	235	13-목인-B	576	-	575
10-단동-3	187-188	213-216	236	13-목인-B-1	578	-	577
10-단동-4	189-190	213-216	237	13-목인-B-2	580	-	579
10-단동-5	191-192	213-216	238	13-목인-B-3	582	-	581
10-단동-6	193-194	217-219	239-240	13-목인-B-4	584	-	583
10-단동-7	195-196	217-219	241-242	13-목인-C	586	-	585
10-단동-8	197-198	217-219	243-244	13-목인-C-1	588	595	587
10-단동-9	199-200	217-219	245-246	13-목인-C-2	590	595	589
10-단동-10	201-202	220-225	247	13-목인-C-3	592	595	591
10-단동-13	207-208	220-225	251				
07-단동-18	209-210	213-216	252	<민간개발규격>			
12-단동-1	211-212	226-229	253	07-단동 (민)-4	443-449	460-461	465
<광폭비닐하우스>				08-단동 (민)-1	495-499	505-506	507-511
10-광폭-1	255-264	275-282	283-284	07-연동 (민)-1	450-459	460-461	467-468
10-광폭-2	265-274	275-282	285-286	08-연동 (민)-1	500-504	505-506	507-511
13-광폭-1	288-295	339-347	348-349	10-광폭 (민)-1	470-474	485-487	488-489
<과수비닐하우스>				10-광폭 (민)-2	475-479	485-487	490-491
07-포도-1	361-371	382-389	398-400	10-광폭 (민)-3	480-484	485-487	492-493
10-포도-1	372-381	390-397	401-403				
08-감귤-1	405-417	418-425	426-428				
<간이버섯재배사>							
08-버섯-1	513-521	532-541	542-545				
08-버섯-2	522-531	532-541	542-545				

○ 군포시 (적설심 24cm, 풍속 28m/s)

규격명	설계도·시방서 쪽 번호			규격명	설계도·시방서 쪽 번호		
	설계도면	시방서	자재내역		설계도면	시방서	자재내역
<연동비닐하우스>				<철재인삼재배시설>			
07-연동-1	36-52	53-59	60-63	07-철인-A	551	558	550
08-연동-1	66-78	79-85	86-89	07-철인-A-1	553	558	552
10-연동-1	91-106	107-112	113-115	07-철인-A-2	555	558	554
10-연동-2	117-133	134-139	140-143	07-철인-A-3	557	558	556
12-연동-1	145-162	163-168	169-173	13-철인-W	560	561	559
<단동비닐하우스>				<목재인삼재배시설>			
07-단동-1	175-176	213-216	230	13-목인-A	565	-	564
07-단동-2	177-178	213-216	231	13-목인-A-1	567	574	566
07-단동-3	179-180	213-216	232	13-목인-A-2	569	574	568
07-단동-4	181-182	213-216	233	13-목인-A-3	571	574	570
10-단동-1	183-184	213-216	234	13-목인-A-4	573	574	572
10-단동-2	185-186	213-216	235	13-목인-B	576	-	575
10-단동-3	187-188	213-216	236	13-목인-B-1	578	-	577
10-단동-4	189-190	213-216	237	13-목인-B-2	580	-	579
10-단동-5	191-192	213-216	238	13-목인-B-3	582	-	581
10-단동-6	193-194	217-219	239-240	13-목인-B-4	584	-	583
10-단동-7	195-196	217-219	241-242	13-목인-C	586	-	585
10-단동-8	197-198	217-219	243-244	13-목인-C-1	588	595	587
10-단동-9	199-200	217-219	245-246	13-목인-C-2	590	595	589
10-단동-10	201-202	220-225	247	13-목인-C-3	592	595	591
10-단동-13	207-208	220-225	251				
07-단동-18	209-210	213-216	252	<민간개발규격>			
12-단동-1	211-212	226-229	253	07-단동(민)-4	443-449	460-461	465
<광폭비닐하우스>				08-단동(민)-1	495-499	505-506	507-511
10-광폭-1	255-264	275-282	283-284	07-연동(민)-1	450-459	460-461	467-468
10-광폭-2	265-274	275-282	285-286	08-연동(민)-1	500-504	505-506	507-511
13-광폭-1	288-295	339-347	348-349	10-광폭(민)-1	470-474	485-487	488-489
<과수비닐하우스>				10-광폭(민)-2	475-479	485-487	490-491
07-포도-1	361-371	382-389	398-400	10-광폭(민)-3	480-484	485-487	492-493
10-포도-1	372-381	390-397	401-403				
08-감귤-1	405-417	418-425	426-428				
<간이버섯재배사>							
08-버섯-1	513-521	532-541	542-545				
08-버섯-2	522-531	532-541	542-545				

○ 김포시 (적설심 24cm, 풍속 32m/s)

규격명	설계도 · 시방서 쪽 번호			규격명	설계도 · 시방서 쪽 번호		
	설계도면	시방서	자재내역		설계도면	시방서	자재내역
<연동비닐하우스>				<철재인삼재배시설>			
07-연동-1	36-52	53-59	60-63	07-철인-A	551	558	550
08-연동-1	66-78	79-85	86-89	07-철인-A-1	553	558	552
10-연동-1	91-106	107-112	113-115	07-철인-A-2	555	558	554
10-연동-2	117-133	134-139	140-143	07-철인-A-3	557	558	556
12-연동-1	145-162	163-168	169-173	13-철인-W	560	561	559
<단동비닐하우스>				<목재인삼재배시설>			
07-단동-1	175-176	213-216	230	13-목인-A	565	-	564
07-단동-2	177-178	213-216	231	13-목인-A-1	567	574	566
07-단동-3	179-180	213-216	232	13-목인-A-2	569	574	568
07-단동-4	181-182	213-216	233	13-목인-A-3	571	574	570
10-단동-1	183-184	213-216	234	13-목인-A-4	573	574	572
10-단동-2	185-186	213-216	235	13-목인-B	576	-	575
10-단동-3	187-188	213-216	236	13-목인-B-1	578	-	577
10-단동-4	189-190	213-216	237	13-목인-B-2	580	-	579
10-단동-5	191-192	213-216	238	13-목인-B-3	582	-	581
10-단동-6	193-194	217-219	239-240	13-목인-B-4	584	-	583
10-단동-7	195-196	217-219	241-242	13-목인-C	586	-	585
10-단동-8	197-198	217-219	243-244	13-목인-C-1	588	595	587
10-단동-9	199-200	217-219	245-246	13-목인-C-2	590	595	589
07-단동-18	209-210	213-216	252	13-목인-C-3	592	595	591
12-단동-1	211-212	226-229	253				
				<민간개발규격>			
<광폭비닐하우스>				07-단동(민)-4	443-449	460-461	465
10-광폭-1	255-264	275-282	283-284	08-단동(민)-1	495-499	505-506	507-511
10-광폭-2	265-274	275-282	285-286	07-연동(민)-1	450-459	460-461	467-468
				08-연동(민)-1	500-504	505-506	507-511
<과수비닐하우스>				10-광폭(민)-1	470-474	485-487	488-489
07-포도-1	361-371	382-389	398-400	10-광폭(민)-2	475-479	485-487	490-491
10-포도-1	372-381	390-397	401-403	10-광폭(민)-3	480-484	485-487	492-493
08-감귤-1	405-417	418-425	426-428				
<간이버섯재배사>							
08-버섯-1	513-521	532-541	542-545				
08-버섯-2	522-531	532-541	542-545				

○ 남양주시 (적설심 24cm, 풍속 28m/s)

규격명	설계도·시방서 쪽 번호			규격명	설계도·시방서 쪽 번호		
	설계도면	시방서	자재내역		설계도면	시방서	자재내역
<연동비닐하우스>				<철재인삼재배시설>			
07-연동-1	36-52	53-59	60-63	07-철인-A	551	558	550
08-연동-1	66-78	79-85	86-89	07-철인-A-1	553	558	552
10-연동-1	91-106	107-112	113-115	07-철인-A-2	555	558	554
10-연동-2	117-133	134-139	140-143	07-철인-A-3	557	558	556
12-연동-1	145-162	163-168	169-173	13-철인-W	560	561	559
<단동비닐하우스>				<목재인삼재배시설>			
07-단동-1	175-176	213-216	230	13-목인-A	565	-	564
07-단동-2	177-178	213-216	231	13-목인-A-1	567	574	566
07-단동-3	179-180	213-216	232	13-목인-A-2	569	574	568
07-단동-4	181-182	213-216	233	13-목인-A-3	571	574	570
10-단동-1	183-184	213-216	234	13-목인-A-4	573	574	572
10-단동-2	185-186	213-216	235	13-목인-B	576	-	575
10-단동-3	187-188	213-216	236	13-목인-B-1	578	-	577
10-단동-4	189-190	213-216	237	13-목인-B-2	580	-	579
10-단동-5	191-192	213-216	238	13-목인-B-3	582	-	581
10-단동-6	193-194	217-219	239-240	13-목인-B-4	584	-	583
10-단동-7	195-196	217-219	241-242	13-목인-C	586	-	585
10-단동-8	197-198	217-219	243-244	13-목인-C-1	588	595	587
10-단동-9	199-200	217-219	245-246	13-목인-C-2	590	595	589
10-단동-10	201-202	220-225	247	13-목인-C-3	592	595	591
10-단동-13	207-208	220-225	251				
07-단동-18	209-210	213-216	252	<민간개발규격>			
12-단동-1	211-212	226-229	253	07-단동(민)-4	443-449	460-461	465
<광폭비닐하우스>				08-단동(민)-1	495-499	505-506	507-511
10-광폭-1	255-264	275-282	283-284	07-연동(민)-1	450-459	460-461	467-468
10-광폭-2	265-274	275-282	285-286	08-연동(민)-1	500-504	505-506	507-511
13-광폭-1	288-295	339-347	348-349	10-광폭(민)-1	470-474	485-487	488-489
<과수비닐하우스>				10-광폭(민)-2	475-479	485-487	490-491
07-포도-1	361-371	382-389	398-400	10-광폭(민)-3	480-484	485-487	492-493
10-포도-1	372-381	390-397	401-403				
08-감귤-1	405-417	418-425	426-428				
<간이버섯재배사>							
08-버섯-1	513-521	532-541	542-545				
08-버섯-2	522-531	532-541	542-545				

○ 동두천시 (적설심 22cm, 풍속 30m/s)

규격명	설계도·시방서 쪽 번호			규격명	설계도·시방서 쪽 번호		
	설계도면	시방서	자재내역		설계도면	시방서	자재내역
<연동비닐하우스>				<철재인삼재배시설>			
07-연동-1	36-52	53-59	60-63	07-철인-A	551	558	550
08-연동-1	66-78	79-85	86-89	07-철인-A-1	553	558	552
10-연동-1	91-106	107-112	113-115	07-철인-A-2	555	558	554
10-연동-2	117-133	134-139	140-143	07-철인-A-3	557	558	556
12-연동-1	145-162	163-168	169-173	13-철인-W	560	561	559
<단동비닐하우스>				<목재인삼재배시설>			
07-단동-1	175-176	213-216	230	13-목인-A	565	-	564
07-단동-2	177-178	213-216	231	13-목인-A-1	567	574	566
07-단동-3	179-180	213-216	232	13-목인-A-2	569	574	568
07-단동-4	181-182	213-216	233	13-목인-A-3	571	574	570
10-단동-1	183-184	213-216	234	13-목인-A-4	573	574	572
10-단동-2	185-186	213-216	235	13-목인-B	576	-	575
10-단동-3	187-188	213-216	236	13-목인-B-1	578	-	577
10-단동-4	189-190	213-216	237	13-목인-B-2	580	-	579
10-단동-5	191-192	213-216	238	13-목인-B-3	582	-	581
10-단동-6	193-194	217-219	239-240	13-목인-B-4	584	-	583
10-단동-7	195-196	217-219	241-242	13-목인-C	586	-	585
10-단동-8	197-198	217-219	243-244	13-목인-C-1	588	595	587
10-단동-9	199-200	217-219	245-246	13-목인-C-2	590	595	589
07-단동-18	209-210	213-216	252	13-목인-C-3	592	595	591
12-단동-1	211-212	226-229	253	13-목인-C-4	594	595	593
<광폭비닐하우스>				<민간개발규격>			
10-광폭-1	255-264	275-282	283-284	07-단동(민)-4	443-449	460-461	465
10-광폭-2	265-274	275-282	285-286	08-단동(민)-1	495-499	505-506	507-511
				07-연동(민)-1	450-459	460-461	467-468
<과수비닐하우스>				08-연동(민)-1	500-504	505-506	507-511
07-포도-1	361-371	382-389	398-400	10-광폭(민)-1	470-474	485-487	488-489
10-포도-1	372-381	390-397	401-403	10-광폭(민)-2	475-479	485-487	490-491
08-감귤-1	405-417	418-425	426-428	10-광폭(민)-3	480-484	485-487	492-493
<간이버섯재배사>							
08-버섯-1	513-521	532-541	542-545				
08-버섯-2	522-531	532-541	542-545				

○ 부천시 (적설심 24cm, 풍속 32m/s)

규격명	설계도·시방서 쪽 번호			규격명	설계도·시방서 쪽 번호		
	설계도면	시방서	자재내역		설계도면	시방서	자재내역
<연동비닐하우스>				<철재인삼재배시설>			
07-연동-1	36-52	53-59	60-63	07-철인-A	551	558	550
08-연동-1	66-78	79-85	86-89	07-철인-A-1	553	558	552
10-연동-1	91-106	107-112	113-115	07-철인-A-2	555	558	554
10-연동-2	117-133	134-139	140-143	07-철인-A-3	557	558	556
12-연동-1	145-162	163-168	169-173	13-철인-W	560	561	559
<단동비닐하우스>				<목재인삼재배시설>			
07-단동-1	175-176	213-216	230	13-목인-A	565	-	564
07-단동-2	177-178	213-216	231	13-목인-A-1	567	574	566
07-단동-3	179-180	213-216	232	13-목인-A-2	569	574	568
07-단동-4	181-182	213-216	233	13-목인-A-3	571	574	570
10-단동-1	183-184	213-216	234	13-목인-A-4	573	574	572
10-단동-2	185-186	213-216	235	13-목인-B	576	-	575
10-단동-3	187-188	213-216	236	13-목인-B-1	578	-	577
10-단동-4	189-190	213-216	237	13-목인-B-2	580	-	579
10-단동-5	191-192	213-216	238	13-목인-B-3	582	-	581
10-단동-6	193-194	217-219	239-240	13-목인-B-4	584	-	583
10-단동-7	195-196	217-219	241-242	13-목인-C	586	-	585
10-단동-8	197-198	217-219	243-244	13-목인-C-1	588	595	587
10-단동-9	199-200	217-219	245-246	13-목인-C-2	590	595	589
07-단동-18	209-210	213-216	252	13-목인-C-3	592	595	591
12-단동-1	211-212	226-229	253				
<광폭비닐하우스>				<민간개발규격>			
10-광폭-1	255-264	275-282	283-284	07-단동(민)-4	443-449	460-461	465
10-광폭-2	265-274	275-282	285-286	08-단동(민)-1	495-499	505-506	507-511
<과수비닐하우스>				07-연동(민)-1	450-459	460-461	467-468
07-포도-1	361-371	382-389	398-400	08-연동(민)-1	500-504	505-506	507-511
10-포도-1	372-381	390-397	401-403	10-광폭(민)-1	470-474	485-487	488-489
08-감귤-1	405-417	418-425	426-428	10-광폭(민)-2	475-479	485-487	490-491
				10-광폭(민)-3	480-484	485-487	492-493
<간이버섯재배사>							
08-버섯-1	513-521	532-541	542-545				
08-버섯-2	522-531	532-541	542-545				

○ 성남시 (적설심 24cm, 풍속 28m/s)

규격명	설계도·시방서 쪽 번호			규격명	설계도·시방서 쪽 번호		
	설계도면	시방서	자재내역		설계도면	시방서	자재내역
<연동비닐하우스>				<철재인삼재배시설>			
07-연동-1	36-52	53-59	60-63	07-철인-A	551	558	550
08-연동-1	66-78	79-85	86-89	07-철인-A-1	553	558	552
10-연동-1	91-106	107-112	113-115	07-철인-A-2	555	558	554
10-연동-2	117-133	134-139	140-143	07-철인-A-3	557	558	556
12-연동-1	145-162	163-168	169-173	13-철인-W	560	561	559
<단동비닐하우스>				<목재인삼재배시설>			
07-단동-1	175-176	213-216	230	13-목인-A	565	-	564
07-단동-2	177-178	213-216	231	13-목인-A-1	567	574	566
07-단동-3	179-180	213-216	232	13-목인-A-2	569	574	568
07-단동-4	181-182	213-216	233	13-목인-A-3	571	574	570
10-단동-1	183-184	213-216	234	13-목인-A-4	573	574	572
10-단동-2	185-186	213-216	235	13-목인-B	576	-	575
10-단동-3	187-188	213-216	236	13-목인-B-1	578	-	577
10-단동-4	189-190	213-216	237	13-목인-B-2	580	-	579
10-단동-5	191-192	213-216	238	13-목인-B-3	582	-	581
10-단동-6	193-194	217-219	239-240	13-목인-B-4	584	-	583
10-단동-7	195-196	217-219	241-242	13-목인-C	586	-	585
10-단동-8	197-198	217-219	243-244	13-목인-C-1	588	595	587
10-단동-9	199-200	217-219	245-246	13-목인-C-2	590	595	589
10-단동-10	201-202	220-225	247	13-목인-C-3	592	595	591
10-단동-13	207-208	220-225	251				
07-단동-18	209-210	213-216	252	<민간개발규격>			
12-단동-1	211-212	226-229	253	07-단동(민)-4	443-449	460-461	465
<광폭비닐하우스>				08-단동(민)-1	495-499	505-506	507-511
10-광폭-1	255-264	275-282	283-284	07-연동(민)-1	450-459	460-461	467-468
10-광폭-2	265-274	275-282	285-286	08-연동(민)-1	500-504	505-506	507-511
13-광폭-1	288-295	339-347	348-349	10-광폭(민)-1	470-474	485-487	488-489
<과수비닐하우스>				10-광폭(민)-2	475-479	485-487	490-491
07-포도-1	361-371	382-389	398-400	10-광폭(민)-3	480-484	485-487	492-493
10-포도-1	372-381	390-397	401-403				
08-감귤-1	405-417	418-425	426-428				
<간이버섯재배사>							
08-버섯-1	513-521	532-541	542-545				
08-버섯-2	522-531	532-541	542-545				

○ 수원시 (적설심 24cm, 풍속 28m/s)

규격명	설계도·시방서 쪽 번호			규격명	설계도·시방서 쪽 번호		
	설계도면	시방서	자재내역		설계도면	시방서	자재내역
<연동비닐하우스>				<철재인삼재배시설>			
07-연동-1	36-52	53-59	60-63	07-철인-A	551	558	550
08-연동-1	66-78	79-85	86-89	07-철인-A-1	553	558	552
10-연동-1	91-106	107-112	113-115	07-철인-A-2	555	558	554
10-연동-2	117-133	134-139	140-143	07-철인-A-3	557	558	556
12-연동-1	145-162	163-168	169-173	13-철인-W	560	561	559
<단동비닐하우스>				<목재인삼재배시설>			
07-단동-1	175-176	213-216	230	13-목인-A	565	-	564
07-단동-2	177-178	213-216	231	13-목인-A-1	567	574	566
07-단동-3	179-180	213-216	232	13-목인-A-2	569	574	568
07-단동-4	181-182	213-216	233	13-목인-A-3	571	574	570
10-단동-1	183-184	213-216	234	13-목인-A-4	573	574	572
10-단동-2	185-186	213-216	235	13-목인-B	576	-	575
10-단동-3	187-188	213-216	236	13-목인-B-1	578	-	577
10-단동-4	189-190	213-216	237	13-목인-B-2	580	-	579
10-단동-5	191-192	213-216	238	13-목인-B-3	582	-	581
10-단동-6	193-194	217-219	239-240	13-목인-B-4	584	-	583
10-단동-7	195-196	217-219	241-242	13-목인-C	586	-	585
10-단동-8	197-198	217-219	243-244	13-목인-C-1	588	595	587
10-단동-9	199-200	217-219	245-246	13-목인-C-2	590	595	589
10-단동-10	201-202	220-225	247	13-목인-C-3	592	595	591
10-단동-13	207-208	220-225	251				
07-단동-18	209-210	213-216	252	<민간개발규격>			
12-단동-1	211-212	226-229	253	07-단동(민)-4	443-449	460-461	465
<광폭비닐하우스>				08-단동(민)-1	495-499	505-506	507-511
10-광폭-1	255-264	275-282	283-284	07-연동(민)-1	450-459	460-461	467-468
10-광폭-2	265-274	275-282	285-286	08-연동(민)-1	500-504	505-506	507-511
13-광폭-1	288-295	339-347	348-349	10-광폭(민)-1	470-474	485-487	488-489
<과수비닐하우스>				10-광폭(민)-2	475-479	485-487	490-491
07-포도-1	361-371	382-389	398-400	10-광폭(민)-3	480-484	485-487	492-493
10-포도-1	372-381	390-397	401-403				
08-감귤-1	405-417	418-425	426-428				
<간이버섯재배사>							
08-버섯-1	513-521	532-541	542-545				
08-버섯-2	522-531	532-541	542-545				

○ 시흥시 (적설심 24cm, 풍속 32m/s)

규격명	설계도·시방서 쪽 번호			규격명	설계도·시방서 쪽 번호		
	설계도면	시방서	자재내역		설계도면	시방서	자재내역
<연동비닐하우스>				<철재인삼재배시설>			
07-연동-1	36-52	53-59	60-63	07-철인-A	551	558	550
08-연동-1	66-78	79-85	86-89	07-철인-A-1	553	558	552
10-연동-1	91-106	107-112	113-115	07-철인-A-2	555	558	554
10-연동-2	117-133	134-139	140-143	07-철인-A-3	557	558	556
12-연동-1	145-162	163-168	169-173	13-철인-W	560	561	559
<단동비닐하우스>				<목재인삼재배시설>			
07-단동-1	175-176	213-216	230	13-목인-A	565	-	564
07-단동-2	177-178	213-216	231	13-목인-A-1	567	574	566
07-단동-3	179-180	213-216	232	13-목인-A-2	569	574	568
07-단동-4	181-182	213-216	233	13-목인-A-3	571	574	570
10-단동-1	183-184	213-216	234	13-목인-A-4	573	574	572
10-단동-2	185-186	213-216	235	13-목인-B	576	-	575
10-단동-3	187-188	213-216	236	13-목인-B-1	578	-	577
10-단동-4	189-190	213-216	237	13-목인-B-2	580	-	579
10-단동-5	191-192	213-216	238	13-목인-B-3	582	-	581
10-단동-6	193-194	217-219	239-240	13-목인-B-4	584	-	583
10-단동-7	195-196	217-219	241-242	13-목인-C	586	-	585
10-단동-8	197-198	217-219	243-244	13-목인-C-1	588	595	587
10-단동-9	199-200	217-219	245-246	13-목인-C-2	590	595	589
07-단동-18	209-210	213-216	252	13-목인-C-3	592	595	591
12-단동-1	211-212	226-229	253	<민간개발규격>			
<광폭비닐하우스>				07-단동(민)-4	443-449	460-461	465
10-광폭-1	255-264	275-282	283-284	08-단동(민)-1	495-499	505-506	507-511
10-광폭-2	265-274	275-282	285-286	07-연동(민)-1	450-459	460-461	467-468
				08-연동(민)-1	500-504	505-506	507-511
<과수비닐하우스>				10-광폭(민)-1	470-474	485-487	488-489
07-포도-1	361-371	382-389	398-400	10-광폭(민)-2	475-479	485-487	490-491
10-포도-1	372-381	390-397	401-403	10-광폭(민)-3	480-484	485-487	492-493
08-감귤-1	405-417	418-425	426-428				
<간이버섯재배사>							
08-버섯-1	513-521	532-541	542-545				
08-버섯-2	522-531	532-541	542-545				

○ 안산시 (적설심 24cm, 풍속 30m/s)

규격명	설계도 · 시방서 쪽 번호			규격명	설계도 · 시방서 쪽 번호		
	설계도면	시방서	자재내역		설계도면	시방서	자재내역
<연동비닐하우스>				<철재인삼재배시설>			
07-연동-1	36-52	53-59	60-63	07-철인-A	551	558	550
08-연동-1	66-78	79-85	86-89	07-철인-A-1	553	558	552
10-연동-1	91-106	107-112	113-115	07-철인-A-2	555	558	554
10-연동-2	117-133	134-139	140-143	07-철인-A-3	557	558	556
12-연동-1	145-162	163-168	169-173	13-철인-W	560	561	559
<단동비닐하우스>				<목재인삼재배시설>			
07-단동-1	175-176	213-216	230	13-목인-A	565	-	564
07-단동-2	177-178	213-216	231	13-목인-A-1	567	574	566
07-단동-3	179-180	213-216	232	13-목인-A-2	569	574	568
07-단동-4	181-182	213-216	233	13-목인-A-3	571	574	570
10-단동-1	183-184	213-216	234	13-목인-A-4	573	574	572
10-단동-2	185-186	213-216	235	13-목인-B	576	-	575
10-단동-3	187-188	213-216	236	13-목인-B-1	578	-	577
10-단동-4	189-190	213-216	237	13-목인-B-2	580	-	579
10-단동-5	191-192	213-216	238	13-목인-B-3	582	-	581
10-단동-6	193-194	217-219	239-240	13-목인-B-4	584	-	583
10-단동-7	195-196	217-219	241-242	13-목인-C	586	-	585
10-단동-8	197-198	217-219	243-244	13-목인-C-1	588	595	587
10-단동-9	199-200	217-219	245-246	13-목인-C-2	590	595	589
07-단동-18	209-210	213-216	252	13-목인-C-3	592	595	591
12-단동-1	211-212	226-229	253				
<광폭비닐하우스>				<민간개발규격>			
10-광폭-1	255-264	275-282	283-284	07-단동(민)-4	443-449	460-461	465
10-광폭-2	265-274	275-282	285-286	08-단동(민)-1	495-499	505-506	507-511
<과수비닐하우스>				07-연동(민)-1	450-459	460-461	467-468
07-포도-1	361-371	382-389	398-400	08-연동(민)-1	500-504	505-506	507-511
10-포도-1	372-381	390-397	401-403	10-광폭(민)-1	470-474	485-487	488-489
08-감귤-1	405-417	418-425	426-428	10-광폭(민)-2	475-479	485-487	490-491
				10-광폭(민)-3	480-484	485-487	492-493
<간이버섯재배사>							
08-버섯-1	513-521	532-541	542-545				
08-버섯-2	522-531	532-541	542-545				

○ 안성시 (적설심 26cm, 풍속 26m/s)

규격명	설계도 · 시방서 쪽 번호			규격명	설계도 · 시방서 쪽 번호		
	설계도면	시방서	자재내역		설계도면	시방서	자재내역
<연동비닐하우스>				<철재인삼재배시설>			
07-연동-1	36-52	53-59	60-63	07-철인-A	551	558	550
08-연동-1	66-78	79-85	86-89	07-철인-A-1	553	558	552
10-연동-1	91-106	107-112	113-115	07-철인-A-2	555	558	554
10-연동-2	117-133	134-139	140-143	07-철인-A-3	557	558	556
12-연동-1	145-162	163-168	169-173	13-철인-W	560	561	559
<단동비닐하우스>				<목재인삼재배시설>			
07-단동-1	175-176	213-216	230	13-목인-A	565	-	564
07-단동-2	177-178	213-216	231	13-목인-A-1	567	574	566
07-단동-3	179-180	213-216	232	13-목인-A-2	569	574	568
07-단동-4	181-182	213-216	233	13-목인-A-3	571	574	570
10-단동-1	183-184	213-216	234	13-목인-A-4	573	574	572
10-단동-2	185-186	213-216	235	13-목인-B	576	-	575
10-단동-3	187-188	213-216	236	13-목인-B-1	578	-	577
10-단동-4	189-190	213-216	237	13-목인-B-2	580	-	579
10-단동-5	191-192	213-216	238	13-목인-B-3	582	-	581
10-단동-6	193-194	217-219	239-240	13-목인-B-4	584	-	583
10-단동-7	195-196	217-219	241-242	13-목인-C	586	-	585
10-단동-9	199-200	217-219	245-246	13-목인-C-1	588	595	587
10-단동-10	201-202	220-225	247	13-목인-C-2	590	595	589
10-단동-11	203-204	220-225	248-249				
10-단동-12	205-206	220-225	250	<민간개발규격>			
10-단동-13	207-208	220-225	251	07-단동(민)-4	443-449	460-461	465
07-단동-18	209-210	213-216	252	08-단동(민)-1	495-499	505-506	507-511
12-단동-1	211-212	226-229	253	07-연동(민)-1	450-459	460-461	467-468
<광폭비닐하우스>				08-연동(민)-1	500-504	505-506	507-511
10-광폭-1	255-264	275-282	283-284	10-광폭(민)-1	470-474	485-487	488-489
10-광폭-2	265-274	275-282	285-286	10-광폭(민)-2	475-479	485-487	490-491
13-광폭-1	288-295	339-347	348-349	10-광폭(민)-3	480-484	485-487	492-493
<과수비닐하우스>							
07-포도-1	361-371	382-389	398-400				
10-포도-1	372-381	390-397	401-403				
08-감귤-1	405-417	418-425	426-428				
<간이버섯재배사>							
08-버섯-1	513-521	532-541	542-545				
08-버섯-2	522-531	532-541	542-545				

○ 안양시 (적설심 24cm, 풍속 28m/s)

규격명	설계도·시방서 쪽 번호			규격명	설계도·시방서 쪽 번호		
	설계도면	시방서	자재내역		설계도면	시방서	자재내역
<연동비닐하우스>				<철재인삼재배시설>			
07-연동-1	36-52	53-59	60-63	07-철인-A	551	558	550
08-연동-1	66-78	79-85	86-89	07-철인-A-1	553	558	552
10-연동-1	91-106	107-112	113-115	07-철인-A-2	555	558	554
10-연동-2	117-133	134-139	140-143	07-철인-A-3	557	558	556
12-연동-1	145-162	163-168	169-173	13-철인-W	560	561	559
<단동비닐하우스>				<목재인삼재배시설>			
07-단동-1	175-176	213-216	230	13-목인-A	565	-	564
07-단동-2	177-178	213-216	231	13-목인-A-1	567	574	566
07-단동-3	179-180	213-216	232	13-목인-A-2	569	574	568
07-단동-4	181-182	213-216	233	13-목인-A-3	571	574	570
10-단동-1	183-184	213-216	234	13-목인-A-4	573	574	572
10-단동-2	185-186	213-216	235	13-목인-B	576	-	575
10-단동-3	187-188	213-216	236	13-목인-B-1	578	-	577
10-단동-4	189-190	213-216	237	13-목인-B-2	580	-	579
10-단동-5	191-192	213-216	238	13-목인-B-3	582	-	581
10-단동-6	193-194	217-219	239-240	13-목인-B-4	584	-	583
10-단동-7	195-196	217-219	241-242	13-목인-C	586	-	585
10-단동-8	197-198	217-219	243-244	13-목인-C-1	588	595	587
10-단동-9	199-200	217-219	245-246	13-목인-C-2	590	595	589
10-단동-10	201-202	220-225	247	13-목인-C-3	592	595	591
10-단동-13	207-208	220-225	251				
07-단동-18	209-210	213-216	252	<민간개발규격>			
12-단동-1	211-212	226-229	253	07-단동(민)-4	443-449	460-461	465
				08-단동(민)-1	495-499	505-506	507-511
<광폭비닐하우스>				07-연동(민)-1	450-459	460-461	467-468
10-광폭-1	255-264	275-282	283-284	08-연동(민)-1	500-504	505-506	507-511
10-광폭-2	265-274	275-282	285-286	10-광폭(민)-1	470-474	485-487	488-489
13-광폭-1	288-295	339-347	348-349	10-광폭(민)-2	475-479	485-487	490-491
				10-광폭(민)-3	480-484	485-487	492-493
<과수비닐하우스>							
07-포도-1	361-371	382-389	398-400				
10-포도-1	372-381	390-397	401-403				
08-감귤-1	405-417	418-425	426-428				
<간이버섯재배사>							
08-버섯-1	513-521	532-541	542-545				
08-버섯-2	522-531	532-541	542-545				

○ 양주시 (적설심 24cm, 풍속 30m/s)

규격명	설계도·시방서 쪽 번호			규격명	설계도·시방서 쪽 번호		
	설계도면	시방서	자재내역		설계도면	시방서	자재내역
<연동비닐하우스>				**<철재인삼재배시설>**			
07-연동-1	36-52	53-59	60-63	07-철인-A	551	558	550
08-연동-1	66-78	79-85	86-89	07-철인-A-1	553	558	552
10-연동-1	91-106	107-112	113-115	07-철인-A-2	555	558	554
10-연동-2	117-133	134-139	140-143	07-철인-A-3	557	558	556
12-연동-1	145-162	163-168	169-173	13-철인-W	560	561	559
<단동비닐하우스>				**<목재인삼재배시설>**			
07-단동-1	175-176	213-216	230	13-목인-A	565	-	564
07-단동-2	177-178	213-216	231	13-목인-A-1	567	574	566
07-단동-3	179-180	213-216	232	13-목인-A-2	569	574	568
07-단동-4	181-182	213-216	233	13-목인-A-3	571	574	570
10-단동-1	183-184	213-216	234	13-목인-A-4	573	574	572
10-단동-2	185-186	213-216	235	13-목인-B	576	-	575
10-단동-3	187-188	213-216	236	13-목인-B-1	578	-	577
10-단동-4	189-190	213-216	237	13-목인-B-2	580	-	579
10-단동-5	191-192	213-216	238	13-목인-B-3	582	-	581
10-단동-6	193-194	217-219	239-240	13-목인-B-4	584	-	583
10-단동-7	195-196	217-219	241-242	13-목인-C	586	-	585
10-단동-8	197-198	217-219	243-244	13-목인-C-1	588	595	587
10-단동-9	199-200	217-219	245-246	13-목인-C-2	590	595	589
07-단동-18	209-210	213-216	252	13-목인-C-3	592	595	591
12-단동-1	211-212	226-229	253				
<광폭비닐하우스>				**<민간개발규격>**			
10-광폭-1	255-264	275-282	283-284	07-단동(민)-4	443-449	460-461	465
10-광폭-2	265-274	275-282	285-286	08-단동(민)-1	495-499	505-506	507-511
<과수비닐하우스>				07-연동(민)-1	450-459	460-461	467-468
07-포도-1	361-371	382-389	398-400	08-연동(민)-1	500-504	505-506	507-511
10-포도-1	372-381	390-397	401-403	10-광폭(민)-1	470-474	485-487	488-489
08-감귤-1	405-417	418-425	426-428	10-광폭(민)-2	475-479	485-487	490-491
<간이버섯재배사>				10-광폭(민)-3	480-484	485-487	492-493
08-버섯-1	513-521	532-541	542-545				
08-버섯-2	522-531	532-541	542-545				

○ 양평군 (적설심 24cm, 풍속 26m/s)

규격명	설계도·시방서 쪽 번호			규격명	설계도·시방서 쪽 번호		
	설계도면	시방서	자재내역		설계도면	시방서	자재내역
<연동비닐하우스>				<철재인삼재배시설>			
07-연동-1	36-52	53-59	60-63	07-철인-A	551	558	550
08-연동-1	66-78	79-85	86-89	07-철인-A-1	553	558	552
10-연동-1	91-106	107-112	113-115	07-철인-A-2	555	558	554
10-연동-2	117-133	134-139	140-143	07-철인-A-3	557	558	556
12-연동-1	145-162	163-168	169-173	13-철인-W	560	561	559
<단동비닐하우스>				<목재인삼재배시설>			
07-단동-1	175-176	213-216	230	13-목인-A	565	-	564
07-단동-2	177-178	213-216	231	13-목인-A-1	567	574	566
07-단동-3	179-180	213-216	232	13-목인-A-2	569	574	568
07-단동-4	181-182	213-216	233	13-목인-A-3	571	574	570
10-단동-1	183-184	213-216	234	13-목인-A-4	573	574	572
10-단동-2	185-186	213-216	235	13-목인-B	576	-	575
10-단동-3	187-188	213-216	236	13-목인-B-1	578	-	577
10-단동-4	189-190	213-216	237	13-목인-B-2	580	-	579
10-단동-5	191-192	213-216	238	13-목인-B-3	582	-	581
10-단동-6	193-194	217-219	239-240	13-목인-B-4	584	-	583
10-단동-7	195-196	217-219	241-242	13-목인-C	586	-	585
10-단동-8	197-198	217-219	243-244	13-목인-C-1	588	595	587
10-단동-9	199-200	217-219	245-246	13-목인-C-2	590	595	589
10-단동-10	201-202	220-225	247	13-목인-C-3	592	595	591
10-단동-11	203-204	220-225	248-249				
10-단동-12	205-206	220-225	250	<민간개발규격>			
10-단동-13	207-208	220-225	251	07-단동(민)-4	443-449	460-461	465
07-단동-18	209-210	213-216	252	08-단동(민)-1	495-499	505-506	507-511
12-단동-1	211-212	226-229	253	07-연동(민)-1	450-459	460-461	467-468
				08-연동(민)-1	500-504	505-506	507-511
<광폭비닐하우스>				10-광폭(민)-1	470-474	485-487	488-489
10-광폭-1	255-264	275-282	283-284	10-광폭(민)-2	475-479	485-487	490-491
10-광폭-2	265-274	275-282	285-286	10-광폭(민)-3	480-484	485-487	492-493
13-광폭-1	288-295	339-347	348-349				
<과수비닐하우스>							
07-포도-1	361-371	382-389	398-400				
10-포도-1	372-381	390-397	401-403				
08-감귤-1	405-417	418-425	426-428				
<간이버섯재배사>							
08-버섯-1	513-521	532-541	542-545				
08-버섯-2	522-531	532-541	542-545				

○ 여주시 (적설심 26cm, 풍속 24m/s)

규격명	설계도·시방서 쪽 번호			규격명	설계도·시방서 쪽 번호		
	설계도면	시방서	자재내역		설계도면	시방서	자재내역
<연동비닐하우스>				<철재인삼재배시설>			
07-연동-1	36-52	53-59	60-63	07-철인-A	551	558	550
08-연동-1	66-78	79-85	86-89	07-철인-A-1	553	558	552
10-연동-1	91-106	107-112	113-115	07-철인-A-2	555	558	554
10-연동-2	117-133	134-139	140-143	07-철인-A-3	557	558	556
12-연동-1	145-162	163-168	169-173	13-철인-W	560	561	559
<단동비닐하우스>				<목재인삼재배시설>			
07-단동-1	175-176	213-216	230	13-목인-A	565	-	564
07-단동-2	177-178	213-216	231	13-목인-A-1	567	574	566
07-단동-3	179-180	213-216	232	13-목인-A-2	569	574	568
07-단동-4	181-182	213-216	233	13-목인-A-3	571	574	570
10-단동-1	183-184	213-216	234	13-목인-A-4	573	574	572
10-단동-2	185-186	213-216	235	13-목인-B	576	-	575
10-단동-3	187-188	213-216	236	13-목인-B-1	578	-	577
10-단동-4	189-190	213-216	237	13-목인-B-2	580	-	579
10-단동-5	191-192	213-216	238	13-목인-B-3	582	-	581
10-단동-6	193-194	217-219	239-240	13-목인-B-4	584	-	583
10-단동-7	195-196	217-219	241-242	13-목인-C	586	-	585
10-단동-9	199-200	217-219	245-246	13-목인-C-1	588	595	587
10-단동-10	201-202	220-225	247	13-목인-C-2	590	595	589
10-단동-11	203-204	220-225	248-249				
10-단동-12	205-206	220-225	250	<민간개발규격>			
10-단동-13	207-208	220-225	251	07-단동(민)-2	433-437	460-461	463
07-단동-18	209-210	213-216	252	07-단동(민)-3	438-442	460-461	464
12-단동-1	211-212	226-229	253	07-단동(민)-4	443-449	460-461	465
				08-단동(민)-1	495-499	505-506	507-511
<광폭비닐하우스>				07-연동(민)-1	450-459	460-461	467-468
10-광폭-1	255-264	275-282	283-284	08-연동(민)-1	500-504	505-506	507-511
10-광폭-2	265-274	275-282	285-286	10-광폭(민)-1	470-474	485-487	488-489
				10-광폭(민)-2	475-479	485-487	490-491
<과수비닐하우스>				10-광폭(민)-3	480-484	485-487	492-493
07-포도-1	361-371	382-389	398-400				
10-포도-1	372-381	390-397	401-403				
08-감귤-1	405-417	418-425	426-428				
<간이버섯재배사>							
08-버섯-1	513-521	532-541	542-545				
08-버섯-2	522-531	532-541	542-545				

○ 연천군 (적설심 24cm, 풍속 28m/s)

규격명	설계도·시방서 쪽 번호			규격명	설계도·시방서 쪽 번호		
	설계도면	시방서	자재내역		설계도면	시방서	자재내역
<연동비닐하우스>				<철재인삼재배시설>			
07-연동-1	36-52	53-59	60-63	07-철인-A	551	558	550
08-연동-1	66-78	79-85	86-89	07-철인-A-1	553	558	552
10-연동-1	91-106	107-112	113-115	07-철인-A-2	555	558	554
10-연동-2	117-133	134-139	140-143	07-철인-A-3	557	558	556
12-연동-1	145-162	163-168	169-173	13-철인-W	560	561	559
<단동비닐하우스>				<목재인삼재배시설>			
07-단동-1	175-176	213-216	230	13-목인-A	565	-	564
07-단동-2	177-178	213-216	231	13-목인-A-1	567	574	566
07-단동-3	179-180	213-216	232	13-목인-A-2	569	574	568
07-단동-4	181-182	213-216	233	13-목인-A-3	571	574	570
10-단동-1	183-184	213-216	234	13-목인-A-4	573	574	572
10-단동-2	185-186	213-216	235	13-목인-B	576	-	575
10-단동-3	187-188	213-216	236	13-목인-B-1	578	-	577
10-단동-4	189-190	213-216	237	13-목인-B-2	580	-	579
10-단동-5	191-192	213-216	238	13-목인-B-3	582	-	581
10-단동-6	193-194	217-219	239-240	13-목인-B-4	584	-	583
10-단동-7	195-196	217-219	241-242	13-목인-C	586	-	585
10-단동-8	197-198	217-219	243-244	13-목인-C-1	588	595	587
10-단동-9	199-200	217-219	245-246	13-목인-C-2	590	595	589
10-단동-10	201-202	220-225	247	13-목인-C-3	592	595	591
10-단동-13	207-208	220-225	251				
07-단동-18	209-210	213-216	252	<민간개발규격>			
12-단동-1	211-212	226-229	253	07-단동(민)-4	443-449	460-461	465
<광폭비닐하우스>				08-단동(민)-1	495-499	505-506	507-511
10-광폭-1	255-264	275-282	283-284	07-연동(민)-1	450-459	460-461	467-468
10-광폭-2	265-274	275-282	285-286	08-연동(민)-1	500-504	505-506	507-511
13-광폭-1	288-295	339-347	348-349	10-광폭(민)-1	470-474	485-487	488-489
<과수비닐하우스>				10-광폭(민)-2	475-479	485-487	490-491
07-포도-1	361-371	382-389	398-400	10-광폭(민)-3	480-484	485-487	492-493
10-포도-1	372-381	390-397	401-403				
08-감귤-1	405-417	418-425	426-428				
<간이버섯재배사>							
08-버섯-1	513-521	532-541	542-545				
08-버섯-2	522-531	532-541	542-545				

○ 오산시 (적설심 24cm, 풍속 26m/s)

규격명	설계도·시방서 쪽 번호			규격명	설계도·시방서 쪽 번호		
	설계도면	시방서	자재내역		설계도면	시방서	자재내역
<연동비닐하우스>				<철재인삼재배시설>			
07-연동-1	36-52	53-59	60-63	07-철인-A	551	558	550
08-연동-1	66-78	79-85	86-89	07-철인-A-1	553	558	552
10-연동-1	91-106	107-112	113-115	07-철인-A-2	555	558	554
10-연동-2	117-133	134-139	140-143	07-철인-A-3	557	558	556
12-연동-1	145-162	163-168	169-173	13-철인-W	560	561	559
<단동비닐하우스>				<목재인삼재배시설>			
07-단동-1	175-176	213-216	230	13-목인-A	565	-	564
07-단동-2	177-178	213-216	231	13-목인-A-1	567	574	566
07-단동-3	179-180	213-216	232	13-목인-A-2	569	574	568
07-단동-4	181-182	213-216	233	13-목인-A-3	571	574	570
10-단동-1	183-184	213-216	234	13-목인-A-4	573	574	572
10-단동-2	185-186	213-216	235	13-목인-B	576	-	575
10-단동-3	187-188	213-216	236	13-목인-B-1	578	-	577
10-단동-4	189-190	213-216	237	13-목인-B-2	580	-	579
10-단동-5	191-192	213-216	238	13-목인-B-3	582	-	581
10-단동-6	193-194	217-219	239-240	13-목인-B-4	584	-	583
10-단동-7	195-196	217-219	241-242	13-목인-C	586	-	585
10-단동-8	197-198	217-219	243-244	13-목인-C-1	588	595	587
10-단동-9	199-200	217-219	245-246	13-목인-C-2	590	595	589
10-단동-10	201-202	220-225	247	13-목인-C-3	592	595	591
10-단동-11	203-204	220-225	248-249				
10-단동-12	205-206	220-225	250	<민간개발규격>			
10-단동-13	207-208	220-225	251	07-단동(민)-4	443-449	460-461	465
07-단동-18	209-210	220-225	252	08-단동(민)-1	495-499	505-506	507-511
12-단동-1	211-212	226-229	253	07-연동(민)-1	450-459	460-461	467-468
<광폭비닐하우스>				08-연동(민)-1	500-504	505-506	507-511
10-광폭-1	255-264	275-282	283-284	10-광폭(민)-1	470-474	485-487	488-489
10-광폭-2	265-274	275-282	285-286	10-광폭(민)-2	475-479	485-487	490-491
13-광폭-1	288-295	339-347	348-349	10-광폭(민)-3	480-484	485-487	492-493
<과수비닐하우스>							
07-포도-1	361-371	382-389	398-400				
10-포도-1	372-381	390-397	401-403				
08-감귤-1	405-417	418-425	426-428				
<간이버섯재배사>							
08-버섯-1	513-521	532-541	542-545				
08-버섯-2	522-531	532-541	542-545				

○ 용인시 (적설심 24cm, 풍속 26m/s)

규격명	설계도 · 시방서 쪽 번호			규격명	설계도 · 시방서 쪽 번호		
	설계도면	시방서	자재내역		설계도면	시방서	자재내역
<연동비닐하우스>				<철재인삼재배시설>			
07-연동-1	36-52	53-59	60-63	07-철인-A	551	558	550
08-연동-1	66-78	79-85	86-89	07-철인-A-1	553	558	552
10-연동-1	91-106	107-112	113-115	07-철인-A-2	555	558	554
10-연동-2	117-133	134-139	140-143	07-철인-A-3	557	558	556
12-연동-1	145-162	163-168	169-173	13-철인-W	560	561	559
<단동비닐하우스>				<목재인삼재배시설>			
07-단동-1	175-176	213-216	230	13-목인-A	565	-	564
07-단동-2	177-178	213-216	231	13-목인-A-1	567	574	566
07-단동-3	179-180	213-216	232	13-목인-A-2	569	574	568
07-단동-4	181-182	213-216	233	13-목인-A-3	571	574	570
10-단동-1	183-184	213-216	234	13-목인-A-4	573	574	572
10-단동-2	185-186	213-216	235	13-목인-B	576	-	575
10-단동-3	187-188	213-216	236	13-목인-B-1	578	-	577
10-단동-4	189-190	213-216	237	13-목인-B-2	580	-	579
10-단동-5	191-192	213-216	238	13-목인-B-3	582	-	581
10-단동-6	193-194	217-219	239-240	13-목인-B-4	584	-	583
10-단동-7	195-196	217-219	241-242	13-목인-C	586	-	585
10-단동-8	197-198	217-219	243-244	13-목인-C-1	588	595	587
10-단동-9	199-200	217-219	245-246	13-목인-C-2	590	595	589
10-단동-10	201-202	220-225	247	13-목인-C-3	592	595	591
10-단동-11	203-204	220-225	248-249				
10-단동-12	205-206	220-225	250	<민간개발규격>			
10-단동-13	207-208	220-225	251	07-단동(민)-4	443-449	460-461	465
07-단동-18	209-210	220-225	252	08-단동(민)-1	495-499	505-506	507-511
12-단동-1	211-212	226-229	253	07-연동(민)-1	450-459	460-461	467-468
<광폭비닐하우스>				08-연동(민)-1	500-504	505-506	507-511
10-광폭-1	255-264	275-282	283-284	10-광폭(민)-1	470-474	485-487	488-489
10-광폭-2	265-274	275-282	285-286	10-광폭(민)-2	475-479	485-487	490-491
13-광폭-1	288-295	339-347	348-349	10-광폭(민)-3	480-484	485-487	492-493
<과수비닐하우스>							
07-포도-1	361-371	382-389	398-400				
10-포도-1	372-381	390-397	401-403				
08-감귤-1	405-417	418-425	426-428				
<간이버섯재배사>							
08-버섯-1	513-521	532-541	542-545				
08-버섯-2	522-531	532-541	542-545				

○ 의왕시 (적설심 24cm, 풍속 28m/s)

규격명	설계도·시방서 쪽 번호			규격명	설계도·시방서 쪽 번호		
	설계도면	시방서	자재내역		설계도면	시방서	자재내역
<연동비닐하우스>				<철재인삼재배시설>			
07-연동-1	36-52	53-59	60-63	07-철인-A	551	558	550
08-연동-1	66-78	79-85	86-89	07-철인-A-1	553	558	552
10-연동-1	91-106	107-112	113-115	07-철인-A-2	555	558	554
10-연동-2	117-133	134-139	140-143	07-철인-A-3	557	558	556
12-연동-1	145-162	163-168	169-173	13-철인-W	560	561	559
<단동비닐하우스>				<목재인삼재배시설>			
07-단동-1	175-176	213-216	230	13-목인-A	565	-	564
07-단동-2	177-178	213-216	231	13-목인-A-1	567	574	566
07-단동-3	179-180	213-216	232	13-목인-A-2	569	574	568
07-단동-4	181-182	213-216	233	13-목인-A-3	571	574	570
10-단동-1	183-184	213-216	234	13-목인-A-4	573	574	572
10-단동-2	185-186	213-216	235	13-목인-B	576	-	575
10-단동-3	187-188	213-216	236	13-목인-B-1	578	-	577
10-단동-4	189-190	213-216	237	13-목인-B-2	580	-	579
10-단동-5	191-192	213-216	238	13-목인-B-3	582	-	581
10-단동-6	193-194	217-219	239-240	13-목인-B-4	584	-	583
10-단동-7	195-196	217-219	241-242	13-목인-C	586	-	585
10-단동-8	197-198	217-219	243-244	13-목인-C-1	588	595	587
10-단동-9	199-200	217-219	245-246	13-목인-C-2	590	595	589
10-단동-10	201-202	220-225	247	13-목인-C-3	592	595	591
10-단동-13	207-208	220-225	251				
07-단동-18	209-210	213-216	252	<민간개발규격>			
12-단동-1	211-212	226-229	253	07-단동(민)-4	443-449	460-461	465
				08-단동(민)-1	495-499	505-506	507-511
<광폭비닐하우스>				07-연동(민)-1	450-459	460-461	467-468
10-광폭-1	255-264	275-282	283-284	08-연동(민)-1	500-504	505-506	507-511
10-광폭-2	265-274	275-282	285-286	10-광폭(민)-1	470-474	485-487	488-489
13-광폭-1	288-295	339-347	348-349	10-광폭(민)-2	475-479	485-487	490-491
				10-광폭(민)-3	480-484	485-487	492-493
<과수비닐하우스>							
07-포도-1	361-371	382-389	398-400				
10-포도-1	372-381	390-397	401-403				
08-감귤-1	405-417	418-425	426-428				
<간이버섯재배사>							
08-버섯-1	513-521	532-541	542-545				
08-버섯-2	522-531	532-541	542-545				

○ 의정부시 (적설심 24cm, 풍속 30m/s)

규격명	설계도·시방서 쪽 번호			규격명	설계도·시방서 쪽 번호		
	설계도면	시방서	자재내역		설계도면	시방서	자재내역
<연동비닐하우스>				<철재인삼재배시설>			
07-연동-1	36-52	53-59	60-63	07-철인-A	551	558	550
08-연동-1	66-78	79-85	86-89	07-철인-A-1	553	558	552
10-연동-1	91-106	107-112	113-115	07-철인-A-2	555	558	554
10-연동-2	117-133	134-139	140-143	07-철인-A-3	557	558	556
12-연동-1	145-162	163-168	169-173	13-철인-W	560	561	559
<단동비닐하우스>				<목재인삼재배시설>			
07-단동-1	175-176	213-216	230	13-목인-A	565	-	564
07-단동-2	177-178	213-216	231	13-목인-A-1	567	574	566
07-단동-3	179-180	213-216	232	13-목인-A-2	569	574	568
07-단동-4	181-182	213-216	233	13-목인-A-3	571	574	570
10-단동-1	183-184	213-216	234	13-목인-A-4	573	574	572
10-단동-2	185-186	213-216	235	13-목인-B	576	-	575
10-단동-3	187-188	213-216	236	13-목인-B-1	578	-	577
10-단동-4	189-190	213-216	237	13-목인-B-2	580	-	579
10-단동-5	191-192	213-216	238	13-목인-B-3	582	-	581
10-단동-6	193-194	217-219	239-240	13-목인-B-4	584	-	583
10-단동-7	195-196	217-219	241-242	13-목인-C	586	-	585
10-단동-8	197-198	217-219	243-244	13-목인-C-1	588	595	587
10-단동-9	199-200	217-219	245-246	13-목인-C-2	590	595	589
07-단동-18	209-210	213-216	252	13-목인-C-3	592	595	591
12-단동-1	211-212	226-229	253				
				<민간개발규격>			
<광폭비닐하우스>				07-단동(민)-4	443-449	460-461	465
10-광폭-1	255-264	275-282	283-284	08-단동(민)-1	495-499	505-506	507-511
10-광폭-2	265-274	275-282	285-286	07-연동(민)-1	450-459	460-461	467-468
				08-연동(민)-1	500-504	505-506	507-511
<과수비닐하우스>				10-광폭(민)-1	470-474	485-487	488-489
07-포도-1	361-371	382-389	398-400	10-광폭(민)-2	475-479	485-487	490-491
10-포도-1	372-381	390-397	401-403	10-광폭(민)-3	480-484	485-487	492-493
08-감귤-1	405-417	418-425	426-428				
<간이버섯재배사>							
08-버섯-1	513-521	532-541	542-545				
08-버섯-2	522-531	532-541	542-545				

○ 이천시 (적설심 28cm, 풍속 24m/s)

규격명	설계도·시방서 쪽 번호			규격명	설계도·시방서 쪽 번호		
	설계도면	시방서	자재내역		설계도면	시방서	자재내역
<연동비닐하우스>				<철재인삼재배시설>			
07-연동-1	36-52	53-59	60-63	07-철인-A	551	558	550
08-연동-1	66-78	79-85	86-89	07-철인-A-1	553	558	552
10-연동-1	91-106	107-112	113-115				
10-연동-2	117-133	134-139	140-143	<목재인삼재배시설>			
12-연동-1	145-162	163-168	169-173	13-목인-A	565	-	564
				13-목인-A-1	567	574	566
<단동비닐하우스>				13-목인-A-2	569	574	568
07-단동-1	175-176	213-216	230	13-목인-A-3	571	574	570
07-단동-2	177-178	213-216	231	13-목인-B	576	-	575
07-단동-3	179-180	213-216	232	13-목인-B-1	578	-	577
07-단동-4	181-182	213-216	233	13-목인-B-2	580	-	579
10-단동-1	183-184	213-216	234	13-목인-B-3	582	-	581
10-단동-2	185-186	213-216	235	13-목인-B-4	584	-	583
10-단동-3	187-188	213-216	236	13-목인-C	586	-	585
10-단동-4	189-190	213-216	237	13-목인-C-1	588	595	587
10-단동-5	191-192	213-216	238				
10-단동-6	193-194	217-219	239-240	<민간개발규격>			
10-단동-10	201-202	220-225	247	07-단동(민)-2	433-437	460-461	463
10-단동-11	203-204	220-225	248-249	07-단동(민)-3	438-442	460-461	464
10-단동-13	207-208	220-225	251	07-단동(민)-4	443-449	460-461	465
07-단동-18	209-210	213-216	252	08-단동(민)-1	495-499	505-506	507-511
12-단동-1	211-212	226-229	253	07-연동(민)-1	450-459	460-461	467-468
				08-연동(민)-1	500-504	505-506	507-511
<광폭비닐하우스>				10-광폭(민)-1	470-474	485-487	488-489
10-광폭-1	255-264	275-282	83-284	10-광폭(민)-2	475-479	485-487	490-491
10-광폭-2	265-274	275-282	285-286	10-광폭(민)-3	480-484	485-487	492-493
<과수비닐하우스>							
07-포도-1	361-371	382-389	398-400				
10-포도-1	372-381	390-397	401-403				
08-감귤-1	405-417	418-425	426-428				
<간이버섯재배사>							
08-버섯-1	513-521	532-541	542-545				
08-버섯-2	522-531	532-541	542-545				

○ 파주시 (적설심 24cm, 풍속 30m/s)

규격명	설계도·시방서 쪽 번호			규격명	설계도·시방서 쪽 번호		
	설계도면	시방서	자재내역		설계도면	시방서	자재내역
<연동비닐하우스>				<철재인삼재배시설>			
07-연동-1	36-52	53-59	60-63	07-철인-A	551	558	550
08-연동-1	66-78	79-85	86-89	07-철인-A-1	553	558	552
10-연동-1	91-106	107-112	113-115	07-철인-A-2	555	558	554
10-연동-2	117-133	134-139	140-143	07-철인-A-3	557	558	556
12-연동-1	145-162	163-168	169-173	13-철인-W	560	561	559
<단동비닐하우스>				<목재인삼재배시설>			
07-단동-1	175-176	213-216	230	3-목인-A	565	-	564
07-단동-2	177-178	213-216	231	13-목인-A-1	567	574	566
07-단동-3	179-180	213-216	232	13-목인-A-2	569	574	568
07-단동-4	181-182	213-216	233	13-목인-A-3	571	574	570
10-단동-1	183-184	213-216	234	13-목인-A-4	573	574	572
10-단동-2	185-186	213-216	235	13-목인-B	576	-	575
10-단동-3	187-188	213-216	236	13-목인-B-1	578	-	577
10-단동-4	189-190	213-216	237	13-목인-B-2	580	-	579
10-단동-5	191-192	213-216	238	13-목인-B-3	582	-	581
10-단동-6	193-194	217-219	239-240	13-목인-B-4	584	-	583
10-단동-7	195-196	217-219	241-242	13-목인-C	586	-	585
10-단동-8	197-198	217-219	243-244	13-목인-C-1	588	595	587
10-단동-9	199-200	217-219	245-246	13-목인-C-2	590	595	589
07-단동-18	209-210	213-216	252	13-목인-C-3	592	595	591
12-단동-1	211-212	226-229	253				
				<민간개발규격>			
<광폭비닐하우스>				07-단동(민)-4	443-449	460-461	465
10-광폭-1	255-264	275-282	283-284	08-단동(민)-1	495-499	505-506	507-511
10-광폭-2	265-274	275-282	285-286	07-연동(민)-1	450-459	460-461	467-468
				08-연동(민)-1	500-504	505-506	507-511
<과수비닐하우스>				10-광폭(민)-1	470-474	485-487	488-489
07-포도-1	361-371	382-389	398-400	10-광폭(민)-2	475-479	485-487	490-491
10-포도-1	372-381	390-397	401-403	10-광폭(민)-3	480-484	485-487	492-493
08-감귤-1	405-417	418-425	426-428				
<간이버섯재배사>							
08-버섯-1	513-521	532-541	542-545				
08-버섯-2	522-531	532-541	542-545				

○ 평택시 (적설심 26cm, 풍속 26m/s)

규격명	설계도·시방서 쪽 번호			규격명	설계도·시방서 쪽 번호		
	설계도면	시방서	자재내역		설계도면	시방서	자재내역
<연동비닐하우스>				<철재인삼재배시설>			
07-연동-1	36-52	53-59	60-63	07-철인-A	551	558	550
08-연동-1	66-78	79-85	86-89	07-철인-A-1	553	558	552
10-연동-1	91-106	107-112	113-115	07-철인-A-2	555	558	554
10-연동-2	117-133	134-139	140-143	07-철인-A-3	557	558	556
12-연동-1	145-162	163-168	169-173	13-철인-W	560	561	559
<단동비닐하우스>				<목재인삼재배시설>			
07-단동-1	175-176	213-216	230	13-목인-A	565	-	564
07-단동-2	177-178	213-216	231	13-목인-A-1	567	574	566
07-단동-3	179-180	213-216	232	13-목인-A-2	569	574	568
07-단동-4	181-182	213-216	233	13-목인-A-3	571	574	570
10-단동-1	183-184	213-216	234	13-목인-A-4	573	574	572
10-단동-2	185-186	213-216	235	13-목인-B	576	-	575
10-단동-3	187-188	213-216	236	13-목인-B-1	578	-	577
10-단동-4	189-190	213-216	237	13-목인-B-2	580	-	579
10-단동-5	191-192	213-216	238	13-목인-B-3	582	-	581
10-단동-6	193-194	217-219	239-240	13-목인-B-4	584	-	583
10-단동-7	195-196	217-219	241-242	13-목인-C	586	-	585
10-단동-9	199-200	217-219	245-246	13-목인-C-1	588	595	587
10-단동-10	201-202	220-225	247	13-목인-C-2	590	595	589
10-단동-11	203-204	220-225	248-249				
10-단동-12	205-206	220-225	250	<민간개발규격>			
10-단동-13	207-208	220-225	251	07-단동(민)-4	443-449	460-461	465
07-단동-18	209-210	213-216	252	08-단동(민)-1	495-499	505-506	507-511
12-단동-1	211-212	226-229	253	07-연동(민)-1	450-459	460-461	467-468
<광폭비닐하우스>				08-연동(민)-1	500-504	505-506	507-511
10-광폭-1	255-264	275-282	283-284	10-광폭(민)-1	470-474	485-487	488-489
10-광폭-2	265-274	275-282	285-286	10-광폭(민)-2	475-479	485-487	490-491
<과수비닐하우스>				10-광폭(민)-3	480-484	485-487	492-493
07-포도-1	361-371	382-389	398-400				
10-포도-1	372-381	390-397	401-403				
08-감귤-1	405-417	418-425	426-428				
<간이버섯재배사>							
08-버섯-1	513-521	532-541	542-545				
08-버섯-2	522-531	532-541	542-545				

○ 포천시 (적설심 22cm, 풍속 30m/s)

규격명	설계도·시방서 쪽 번호			규격명	설계도·시방서 쪽 번호		
	설계도면	시방서	자재내역		설계도면	시방서	자재내역
<연동비닐하우스>				<철재인삼재배시설>			
07-연동-1	36-52	53-59	60-63	07-철인-A	551	558	550
08-연동-1	66-78	79-85	86-89	07-철인-A-1	553	558	552
10-연동-1	91-106	107-112	113-115	07-철인-A-2	555	558	554
10-연동-2	117-133	134-139	140-143	07-철인-A-3	557	558	556
12-연동-1	145-162	163-168	169-173	13-철인-W	560	561	559
<단동비닐하우스>				<목재인삼재배시설>			
07-단동-1	175-176	213-216	230	13-목인-A	565	-	564
07-단동-2	177-178	213-216	231	13-목인-A-1	567	574	566
07-단동-3	179-180	213-216	232	13-목인-A-2	569	574	568
07-단동-4	181-182	213-216	233	13-목인-A-3	571	574	570
10-단동-1	183-184	213-216	234	13-목인-A-4	573	574	572
10-단동-2	185-186	213-216	235	13-목인-B	576	-	575
10-단동-3	187-188	213-216	236	13-목인-B-1	578	-	577
10-단동-4	189-190	213-216	237	13-목인-B-2	580	-	579
10-단동-5	191-192	213-216	238	13-목인-B-3	582	-	581
10-단동-6	193-194	217-219	239-240	13-목인-B-4	584	-	583
10-단동-7	195-196	217-219	241-242	13-목인-C	586	-	585
10-단동-8	197-198	217-219	243-244	13-목인-C-1	588	595	587
10-단동-9	199-200	217-219	245-246	13-목인-C-2	590	595	589
07-단동-18	209-210	213-216	252	13-목인-C-3	592	595	591
12-단동-1	211-212	226-229	253	13-목인-C-4	594	595	593
<광폭비닐하우스>				<민간개발규격>			
10-광폭-1	255-264	275-282	283-284	07-단동(민)-4	443-449	460-461	465
10-광폭-2	265-274	275-282	285-286	08-단동(민)-1	495-499	505-506	507-511
				07-연동(민)-1	450-459	460-461	467-468
<과수비닐하우스>				08-연동(민)-1	500-504	505-506	507-511
07-포도-1	361-371	382-389	398-400	10-광폭(민)-1	470-474	485-487	488-489
10-포도-1	372-381	390-397	401-403	10-광폭(민)-2	475-479	485-487	490-491
08-감귤-1	405-417	418-425	426-428	10-광폭(민)-3	480-484	485-487	492-493
<간이버섯재배사>							
08-버섯-1	513-521	532-541	542-545				
08-버섯-2	522-531	532-541	542-545				

○ 하남시 (적설심 24cm, 풍속 28m/s)

규격명	설계도·시방서 쪽 번호			규격명	설계도·시방서 쪽 번호		
	설계도면	시방서	자재내역		설계도면	시방서	자재내역
<연동비닐하우스>				<철재인삼재배시설>			
07-연동-1	36-52	53-59	60-63	07-철인-A	551	558	550
08-연동-1	66-78	79-85	86-89	07-철인-A-1	553	558	552
10-연동-1	91-106	107-112	113-115	07-철인-A-2	555	558	554
10-연동-2	117-133	134-139	140-143	07-철인-A-3	557	558	556
12-연동-1	145-162	163-168	169-173	13-철인-W	560	561	559
<단동비닐하우스>				<목재인삼재배시설>			
07-단동-1	175-176	213-216	230	13-목인-A	565	-	564
07-단동-2	177-178	213-216	231	13-목인-A-1	567	574	566
07-단동-3	179-180	213-216	232	13-목인-A-2	569	574	568
07-단동-4	181-182	213-216	233	13-목인-A-3	571	574	570
10-단동-1	183-184	213-216	234	13-목인-A-4	573	574	572
10-단동-2	185-186	213-216	235	13-목인-B	576	-	575
10-단동-3	187-188	213-216	236	13-목인-B-1	578	-	577
10-단동-4	189-190	213-216	237	13-목인-B-2	580	-	579
10-단동-5	191-192	213-216	238	13-목인-B-3	582	-	581
10-단동-6	193-194	217-219	239-240	13-목인-B-4	584	-	583
10-단동-7	195-196	217-219	241-242	13-목인-C	586	-	585
10-단동-8	197-198	217-219	243-244	13-목인-C-1	588	595	587
10-단동-9	199-200	217-219	245-246	13-목인-C-2	590	595	589
10-단동-10	201-202	220-225	247	13-목인-C-3	592	595	591
10-단동-13	207-208	220-225	251				
07-단동-18	209-210	213-216	252	<민간개발규격>			
12-단동-1	211-212	226-229	253	07-단동(민)-4	443-449	460-461	465
				08-단동(민)-1	495-499	505-506	507-511
<광폭비닐하우스>				07-연동(민)-1	450-459	460-461	467-468
10-광폭-1	255-264	275-282	283-284	08-연동(민)-1	500-504	505-506	507-511
10-광폭-2	265-274	275-282	285-286	10-광폭(민)-1	470-474	485-487	488-489
13-광폭-1	288-295	339-347	348-349	10-광폭(민)-2	475-479	485-487	490-491
				10-광폭(민)-3	480-484	485-487	492-493
<과수비닐하우스>							
07-포도-1	361-371	382-389	398-400				
10-포도-1	372-381	390-397	401-403				
08-감귤-1	405-417	418-425	426-428				
<간이버섯재배사>							
08-버섯-1	513-521	532-541	542-545				
08-버섯-2	522-531	532-541	542-545				

○ 화성시 (적설심 24cm, 풍속 30m/s)

규격명	설계도·시방서 쪽 번호			규격명	설계도·시방서 쪽 번호		
	설계도면	시방서	자재내역		설계도면	시방서	자재내역
<연동비닐하우스>				<철재인삼재배시설>			
07-연동-1	36-52	53-59	60-63	07-철인-A	551	558	550
08-연동-1	66-78	79-85	86-89	07-철인-A-1	553	558	552
10-연동-1	91-106	107-112	113-115	07-철인-A-2	555	558	554
10-연동-2	117-133	134-139	140-143	07-철인-A-3	557	558	556
12-연동-1	145-162	163-168	169-173	13-철인-W	560	561	559
<단동비닐하우스>				<목재인삼재배시설>			
07-단동-1	175-176	213-216	230	13-목인-A	565	-	564
07-단동-2	177-178	213-216	231	13-목인-A-1	567	574	566
07-단동-3	179-180	213-216	232	13-목인-A-2	569	574	568
07-단동-4	181-182	213-216	233	13-목인-A-3	571	574	570
10-단동-1	183-184	213-216	234	13-목인-A-4	573	574	572
10-단동-2	185-186	213-216	235	13-목인-B	576	-	575
10-단동-3	187-188	213-216	236	13-목인-B-1	578	-	577
10-단동-4	189-190	213-216	237	13-목인-B-2	580	-	579
10-단동-5	191-192	213-216	238	13-목인-B-3	582	-	581
10-단동-6	193-194	217-219	239-240	13-목인-B-4	584	-	583
10-단동-7	195-196	217-219	241-242	13-목인-C	586	-	585
10-단동-8	197-198	217-219	243-244	13-목인-C-1	588	595	587
10-단동-9	199-200	217-219	245-246	13-목인-C-2	590	595	589
07-단동-18	209-210	213-216	252	13-목인-C-3	592	595	591
12-단동-1	211-212	226-229	253				
<광폭비닐하우스>				<민간개발규격>			
10-광폭-1	255-264	275-282	283-284	07-단동(민)-4	443-449	460-461	465
10-광폭-2	265-274	275-282	285-286	08-단동(민)-1	495-499	505-506	507-511
<과수비닐하우스>				07-연동(민)-1	450-459	460-461	467-468
07-포도-1	361-371	382-389	398-400	08-연동(민)-1	500-504	505-506	507-511
10-포도-1	372-381	390-397	401-403	10-광폭(민)-1	470-474	485-487	488-489
08-감귤-1	405-417	418-425	426-428	10-광폭(민)-2	475-479	485-487	490-491
				10-광폭(민)-3	480-484	485-487	492-493
<간이버섯재배사>							
08-버섯-1	513-521	532-541	542-545				
08-버섯-2	522-531	532-541	542-545				

4. 경상남도

○ 거제시 (적설심 20cm, 풍속 30m/s)

규격명	설계도·시방서 쪽 번호			규격명	설계도·시방서 쪽 번호		
	설계도면	시방서	자재내역		설계도면	시방서	자재내역
<연동비닐하우스>				<철재인삼재배시설>			
07-연동-1	36-52	53-59	60-63	07-철인-A	551	558	550
08-연동-1	66-78	79-85	86-89	07-철인-A-1	553	558	552
10-연동-1	91-106	107-112	113-115	07-철인-A-2	555	558	554
10-연동-2	117-133	134-139	140-143	07-철인-A-3	557	558	556
12-연동-1	145-162	163-168	169-173	13-철인-W	560	561	559
<단동비닐하우스>				<목재인삼재배시설>			
07-단동-1	175-176	213-216	230	13-목인-A	565	-	564
07-단동-2	177-178	213-216	231	13-목인-A-1	567	574	566
07-단동-3	179-180	213-216	232	13-목인-A-2	569	574	568
07-단동-4	181-182	213-216	233	13-목인-A-3	571	574	570
10-단동-1	183-184	213-216	234	13-목인-A-4	573	574	572
10-단동-2	185-186	213-216	235	13-목인-B	576	-	575
10-단동-3	187-188	213-216	236	13-목인-B-1	578	-	577
10-단동-4	189-190	213-216	237	13-목인-B-2	580	-	579
10-단동-5	191-192	213-216	238	13-목인-B-3	582	-	581
10-단동-6	193-194	217-219	239-240	13-목인-B-4	584	-	583
10-단동-7	195-196	217-219	241-242	13-목인-C	586	-	585
10-단동-8	197-198	217-219	243-244	13-목인-C-1	588	595	587
10-단동-9	199-200	217-219	245-246	13-목인-C-2	590	595	589
07-단동-18	209-210	213-216	252	13-목인-C-3	592	595	591
12-단동-1	211-212	226-229	253	13-목인-C-4	594	595	593
<광폭비닐하우스>				<민간개발규격>			
10-광폭-1	255-264	275-282	283-284	07-단동(민)-4	443-449	460-461	465
10-광폭-2	265-274	275-282	285-286	08-단동(민)-1	495-499	505-506	507-511
				07-연동(민)-1	450-459	460-461	467-468
<과수비닐하우스>				08-연동(민)-1	500-504	505-506	507-511
07-포도-1	361-371	382-389	398-400	10-광폭(민)-1	470-474	485-487	488-489
10-포도-1	372-381	390-397	401-403	10-광폭(민)-2	475-479	485-487	490-491
08-감귤-1	405-417	418-425	426-428	10-광폭(민)-3	480-484	485-487	492-493
<간이버섯재배사>							
08-버섯-1	513-521	532-541	542-545				
08-버섯-2	522-531	532-541	542-545				

○ 거창군 (적설심 30cm, 풍속 26m/s)

규격명	설계도·시방서 쪽 번호			규격명	설계도·시방서 쪽 번호		
	설계도면	시방서	자재내역		설계도면	시방서	자재내역
<연동비닐하우스>				<철재인삼재배시설>			
07-연동-1	36-52	53-59	60-63	07-철인-A	551	558	550
08-연동-1	66-78	79-85	86-89	07-철인-A-1	553	558	552
10-연동-1	91-106	107-112	113-115				
10-연동-2	117-133	134-139	140-143	<목재인삼재배시설>			
12-연동-1	145-162	163-168	169-173	13-목인-A	565	-	564
				13-목인-A-1	567	574	566
<단동비닐하우스>				13-목인-A-2	569	574	568
07-단동-1	175-176	213-216	230	13-목인-B	576	-	575
07-단동-2	177-178	213-216	231	13-목인-B-1	578	-	577
07-단동-3	179-180	213-216	232	13-목인-B-2	580	-	579
07-단동-4	181-182	213-216	233	13-목인-B-3	582	-	581
10-단동-1	183-184	213-216	234	13-목인-B-4	584	-	583
10-단동-2	185-186	213-216	235	13-목인-C	586	-	585
10-단동-3	187-188	213-216	236	13-목인-C-1	588	595	587
10-단동-4	189-190	213-216	237				
10-단동-5	191-192	213-216	238				
10-단동-10	201-202	220-225	247				
10-단동-13	207-208	220-225	251	<민간개발규격>			
07-단동-18	209-210	213-216	252	07-단동(민)-4	443-449	460-461	465
12-단동-1	211-212	226-229	253	08-단동(민)-1	495-499	505-506	507-511
				07-연동(민)-1	450-459	460-461	467-468
<광폭비닐하우스>				08-연동(민)-1	500-504	505-506	507-511
10-광폭-1	255-264	275-282	283-284	10-광폭(민)-1	470-474	485-487	488-489
10-광폭-2	265-274	275-282	285-286	10-광폭(민)-2	475-479	485-487	490-491
				10-광폭(민)-3	480-484	485-487	492-493
<과수비닐하우스>							
07-포도-1	361-371	382-389	398-400				
10-포도-1	372-381	390-397	401-403				
08-감귤-1	405-417	418-425	426-428				
<간이버섯재배사>							
08-버섯-1	513-521	532-541	542-545				
08-버섯-2	522-531	532-541	542-545				

○ 고성군 (적설심 20cm, 풍속 38m/s)

규격명	설계도·시방서 쪽 번호			규격명	설계도·시방서 쪽 번호		
	설계도면	시방서	자재내역		설계도면	시방서	자재내역
<연동비닐하우스>				<철재인삼재배시설>			
07-연동-1	36-52	53-59	60-63	07-철인-A	551	558	550
10-연동-1	91-106	107-112	113-115	07-철인-A-1	553	558	552
				07-철인-A-2	555	558	554
10-연동-2	117-133	134-139	140-143	07-철인-A-3	557	558	556
12-연동-1	145-162	163-168	169-173	13-철인-W	560	561	559
				<목재인삼재배시설>			
<단동비닐하우스>				13-목인-A	565	-	564
10-단동-6	193-194	217-219	239-240	13-목인-A-1	567	574	566
07-단동-18	209-210	213-216	252	13-목인-A-2	569	574	568
12-단동-1	211-212	226-229	253	13-목인-A-3	571	574	570
				13-목인-A-4	573	574	572
				13-목인-B	576	-	575
<광폭비닐하우스>				13-목인-B-1	578	-	577
10-광폭-1	255-264	275-282	283-284	13-목인-B-2	580	-	579
10-광폭-2	265-274	275-282	285-286	13-목인-B-3	582	-	581
				13-목인-B-4	584	-	583
				13-목인-C	586	-	585
<과수비닐하우스>				13-목인-C-1	588	595	587
08-감귤-1	405-417	418-425	426-428	13-목인-C-2	590	595	589
				13-목인-C-3	592	595	591
				13-목인-C-4	594	595	593
<간이버섯재배사>							
08-버섯-1	513-521	532-541	542-545	<민간개발규격>			
08-버섯-2	522-531	532-541	542-545	10-광폭(민)-1	470-474	485-487	488-489

○ **김해시** (적설심 20cm, 풍속 34m/s)

규격명	설계도·시방서 쪽 번호			규격명	설계도·시방서 쪽 번호		
	설계도면	시방서	자재내역		설계도면	시방서	자재내역
<연동비닐하우스>				<철재인삼재배시설>			
07-연동-1	36-52	53-59	60-63	07-철인-A	551	558	550
08-연동-1	66-78	79-85	86-89	07-철인-A-1	553	558	552
10-연동-1	91-106	107-112	113-115	07-철인-A-2	555	558	554
10-연동-2	117-133	134-139	140-143	07-철인-A-3	557	558	556
12-연동-1	145-162	163-168	169-173	13-철인-W	560	561	559
<단동비닐하우스>				<목재인삼재배시설>			
07-단동-1	175-176	213-216	230	13-목인-A	565	-	564
07-단동-2	177-178	213-216	231	13-목인-A-1	567	574	566
07-단동-3	179-180	213-216	232	13-목인-A-2	569	574	568
07-단동-4	181-182	213-216	233	13-목인-A-3	571	574	570
10-단동-2	185-186	213-216	235	13-목인-A-4	573	574	572
10-단동-4	189-190	213-216	237	13-목인-B	576	-	575
10-단동-6	193-194	217-219	239-240	13-목인-B-1	578	-	577
10-단동-7	195-196	217-219	241-242	13-목인-B-2	580	-	579
10-단동-9	199-200	217-219	245-246	13-목인-B-3	582	-	581
07-단동-18	209-210	213-216	252	13-목인-B-4	584	-	583
12-단동-1	211-212	226-229	253	13-목인-C	586	-	585
				13-목인-C-1	588	595	587
				13-목인-C-2	590	595	589
<광폭비닐하우스>				13-목인-C-3	592	595	591
10-광폭-1	255-264	275-282	283-284	13-목인-C-4	594	595	593
10-광폭-2	265-274	275-282	285-286				
				<민간개발규격>			
<과수비닐하우스>				07-단동(민)-4	443-449	460-461	465
07-포도-1	361-371	382-389	398-400	08-단동(민)-1	495-499	505-506	507-511
10-포도-1	372-381	390-397	401-403	07-연동(민)-1	450-459	460-461	467-468
08-감귤-1	405-417	418-425	426-428	10-광폭(민)-1	470-474	485-487	488-489
				10-광폭(민)-2	475-479	485-487	490-491
<간이버섯재배사>				10-광폭(민)-3	480-484	485-487	492-493
08-버섯-1	513-521	532-541	542-545				
08-버섯-2	522-531	532-541	542-545				

◯ 남해군 (적설심 20cm, 풍속 34m/s)

규격명	설계도·시방서 쪽 번호			규격명	설계도·시방서 쪽 번호		
	설계도면	시방서	자재내역		설계도면	시방서	자재내역
<연동비닐하우스>				<철재인삼재배시설>			
07-연동-1	36-52	53-59	60-63	07-철인-A	551	558	550
08-연동-1	66-78	79-85	86-89	07-철인-A-1	553	558	552
10-연동-1	91-106	107-112	113-115	07-철인-A-2	555	558	554
10-연동-2	117-133	134-139	140-143	07-철인-A-3	557	558	556
12-연동-1	145-162	163-168	169-173	13-철인-W	560	561	559
				<목재인삼재배시설>			
<단동비닐하우스>				13-목인-A	565	-	564
07-단동-1	175-176	213-216	230	13-목인-A-1	567	574	566
07-단동-2	177-178	213-216	231	13-목인-A-2	569	574	568
07-단동-3	179-180	213-216	232	13-목인-A-3	571	574	570
07-단동-4	181-182	213-216	233	13-목인-A-4	573	574	572
10-단동-2	185-186	213-216	235	13-목인-B	576	-	575
10-단동-4	189-190	213-216	237	13-목인-B-1	578	-	577
10-단동-6	193-194	217-219	239-240	13-목인-B-2	580	-	579
10-단동-7	195-196	217-219	241-242	13-목인-B-3	582	-	581
10-단동-9	199-200	217-219	245-246	13-목인-B-4	584	-	583
07-단동-18	209-210	213-216	252	13-목인-C	586	-	585
12-단동-1	211-212	226-229	253	13-목인-C-1	588	595	587
				13-목인-C-2	590	595	589
<광폭비닐하우스>				13-목인-C-3	592	595	591
10-광폭-1	255-264	275-282	283-284	13-목인-C-4	594	595	593
10-광폭-2	265-274	275-282	285-286				
				<민간개발규격>			
<과수비닐하우스>				07-단동(민)-4	443-449	460-461	465
07-포도-1	361-371	382-389	398-400	08-단동(민)-1	495-499	505-506	507-511
10-포도-1	372-381	390-397	401-403	07-연동(민)-1	450-459	460-461	467-468
08-감귤-1	405-417	418-425	426-428	10-광폭(민)-1	470-474	485-487	488-489
				10-광폭(민)-2	475-479	485-487	490-491
<간이버섯재배사>				10-광폭(민)-3	480-484	485-487	492-493
08-버섯-1	513-521	532-541	542-545				
08-버섯-2	522-531	532-541	542-545				

○ 밀양시 (적설심 20cm, 풍속 30m/s)

규격명	설계도·시방서 쪽 번호			규격명	설계도·시방서 쪽 번호		
	설계도면	시방서	자재내역		설계도면	시방서	자재내역
<연동비닐하우스>				<철재인삼재배시설>			
07-연동-1	36-52	53-59	60-63	07-철인-A	551	558	550
08-연동-1	66-78	79-85	86-89	07-철인-A-1	553	558	552
10-연동-1	91-106	107-112	113-115	07-철인-A-2	555	558	554
10-연동-2	117-133	134-139	140-143	07-철인-A-3	557	558	556
12-연동-1	145-162	163-168	169-173	13-철인-W	560	561	559
<단동비닐하우스>				<목재인삼재배시설>			
07-단동-1	175-176	213-216	230	13-목인-A	565	-	564
07-단동-2	177-178	213-216	231	13-목인-A-1	567	574	566
07-단동-3	179-180	213-216	232	13-목인-A-2	569	574	568
07-단동-4	181-182	213-216	233	13-목인-A-3	571	574	570
10-단동-1	183-184	213-216	234	13-목인-A-4	573	574	572
10-단동-2	185-186	213-216	235	13-목인-B	576	-	575
10-단동-3	187-188	213-216	236	13-목인-B-1	578	-	577
10-단동-4	189-190	213-216	237	13-목인-B-2	580	-	579
10-단동-5	191-192	213-216	238	13-목인-B-3	582	-	581
10-단동-6	193-194	217-219	239-240	13-목인-B-4	584	-	583
10-단동-7	195-196	217-219	241-242	13-목인-C	586	-	585
10-단동-8	197-198	217-219	243-244	13-목인-C-1	588	595	587
10-단동-9	199-200	217-219	245-246	13-목인-C-2	590	595	589
07-단동-18	209-210	213-216	252	13-목인-C-3	592	595	591
12-단동-1	211-212	226-229	253	13-목인-C-4	594	595	593
<광폭비닐하우스>				<민간개발규격>			
10-광폭-1	255-264	275-282	283-284	07-단동(민)-4	443-449	460-461	465
10-광폭-2	265-274	275-282	285-286	08-단동(민)-1	495-499	505-506	507-511
<과수비닐하우스>				07-연동(민)-1	450-459	460-461	467-468
07-포도-1	361-371	382-389	398-400	08-연동(민)-1	500-504	505-506	507-511
10-포도-1	372-381	390-397	401-403	10-광폭(민)-1	470-474	485-487	488-489
08-감귤-1	405-417	418-425	426-428	10-광폭(민)-2	475-479	485-487	490-491
				10-광폭(민)-3	480-484	485-487	492-493
<간이버섯재배사>							
08-버섯-1	513-521	532-541	542-545				
08-버섯-2	522-531	532-541	542-545				

○ 사천시 (적설심 20cm, 풍속 34m/s)

규격명	설계도·시방서 쪽 번호			규격명	설계도·시방서 쪽 번호		
	설계도면	시방서	자재내역		설계도면	시방서	자재내역
<연동비닐하우스>				<철재인삼재배시설>			
07-연동-1	36-52	53-59	60-63	07-철인-A	551	558	550
08-연동-1	66-78	79-85	86-89	07-철인-A-1	553	558	552
10-연동-1	91-106	107-112	113-115	07-철인-A-2	555	558	554
10-연동-2	117-133	134-139	140-143	07-철인-A-3	557	558	556
12-연동-1	145-162	163-168	169-173	13-철인-W	560	561	559
<단동비닐하우스>				<목재인삼재배시설>			
07-단동-1	175-176	213-216	230	13-목인-A	565	-	564
07-단동-2	177-178	213-216	231	13-목인-A-1	567	574	566
07-단동-3	179-180	213-216	232	13-목인-A-2	569	574	568
07-단동-4	181-182	213-216	233	13-목인-A-3	571	574	570
10-단동-2	185-186	213-216	235	13-목인-A-4	573	574	572
10-단동-4	189-190	213-216	237	13-목인-B	576	-	575
10-단동-6	193-194	217-219	239-240	13-목인-B-1	578	-	577
10-단동-7	195-196	217-219	241-242	13-목인-B-2	580	-	579
10-단동-9	199-200	217-219	245-246	13-목인-B-3	582	-	581
07-단동-18	209-210	213-216	252	13-목인-B-4	584	-	583
12-단동-1	211-212	226-229	253	13-목인-C	586	-	585
				13-목인-C-1	588	595	587
				13-목인-C-2	590	595	589
<광폭비닐하우스>				13-목인-C-3	592	595	591
10-광폭-1	255-264	275-282	283-284				
10-광폭-2	265-274	275-282	285-286	<민간개발규격>			
				07-단동(민)-4	443-449	460-461	465
<과수비닐하우스>				08-단동(민)-1	495-499	505-506	507-511
07-포도-1	361-371	382-389	398-400	07-연동(민)-1	450-459	460-461	467-468
10-포도-1	372-381	390-397	401-403	08-연동(민)-1	500-504	505-506	507-511
08-감귤-1	405-417	418-425	426-428	10-광폭(민)-1	470-474	485-487	488-489
				10-광폭(민)-2	475-479	485-487	490-491
<간이버섯재배사>				10-광폭(민)-3	480-484	485-487	492-493
08-버섯-1	513-521	532-541	542-545				
08-버섯-2	522-531	532-541	542-545				

○ 산청군 (적설심 24cm, 풍속 28m/s)

규격명	설계도·시방서 쪽 번호			규격명	설계도·시방서 쪽 번호		
	설계도면	시방서	자재내역		설계도면	시방서	자재내역
<연동비닐하우스>				**<철재인삼재배시설>**			
07-연동-1	36-52	53-59	60-63	07-철인-A	551	558	550
08-연동-1	66-78	79-85	86-89	07-철인-A-1	553	558	552
10-연동-1	91-106	107-112	113-115	07-철인-A-2	555	558	554
10-연동-2	117-133	134-139	140-143	07-철인-A-3	557	558	556
12-연동-1	145-162	163-168	169-173	13-철인-W	560	561	559
<단동비닐하우스>				**<목재인삼재배시설>**			
07-단동-1	175-176	213-216	230	13-목인-A	565	-	564
07-단동-2	177-178	213-216	231	13-목인-A-1	567	574	566
07-단동-3	179-180	213-216	232	13-목인-A-2	569	574	568
07-단동-4	181-182	213-216	233	13-목인-A-3	571	574	570
10-단동-1	183-184	213-216	234	13-목인-A-4	573	574	572
10-단동-2	185-186	213-216	235	13-목인-B	576	-	575
10-단동-3	187-188	213-216	236	13-목인-B-1	578	-	577
10-단동-4	189-190	213-216	237	13-목인-B-2	580	-	579
10-단동-5	191-192	213-216	238	13-목인-B-3	582	-	581
10-단동-6	193-194	217-219	239-240	13-목인-B-4	584	-	583
10-단동-7	195-196	217-219	241-242	13-목인-C	586	-	585
10-단동-8	197-198	217-219	243-244	13-목인-C-1	588	595	587
10-단동-9	199-200	217-219	245-246	13-목인-C-2	590	595	589
10-단동-10	201-202	220-225	247	13-목인-C-3	592	595	591
10-단동-13	207-208	220-225	251				
07-단동-18	209-210	213-216	252	**<민간개발규격>**			
12-단동-1	211-212	226-229	253	07-단동(민)-4	443-449	460-461	465
<광폭비닐하우스>				08-단동(민)-1	495-499	505-506	507-511
10-광폭-1	255-264	275-282	283-284	07-연동(민)-1	450-459	460-461	467-468
10-광폭-2	265-274	275-282	285-286	08-연동(민)-1	500-504	505-506	507-511
13-광폭-1	288-295	339-347	348-349	10-광폭(민)-1	470-474	485-487	488-489
<과수비닐하우스>				10-광폭(민)-2	475-479	485-487	490-491
07-포도-1	361-371	382-389	398-400	10-광폭(민)-3	480-484	485-487	492-493
10-포도-1	372-381	390-397	401-403				
08-감귤-1	405-417	418-425	426-428				
<간이버섯재배사>							
08-버섯-1	513-521	532-541	542-545				
08-버섯-2	522-531	532-541	542-545				

○ 양산시 (적설심 20cm, 풍속 34m/s)

규격명	설계도·시방서 쪽 번호			규격명	설계도·시방서 쪽 번호		
	설계도면	시방서	자재내역		설계도면	시방서	자재내역
<연동비닐하우스>				<철재인삼재배시설>			
07-연동-1	36-52	53-59	60-63	07-철인-A	551	558	550
08-연동-1	66-78	79-85	86-89	07-철인-A-1	553	558	552
10-연동-1	91-106	107-112	113-115	07-철인-A-2	555	558	554
10-연동-2	117-133	134-139	140-143	07-철인-A-3	557	558	556
12-연동-1	145-162	163-168	169-173	13-철인-W	560	561	559
				<목재인삼재배시설>			
<단동비닐하우스>				13-목인-A	565	-	564
07-단동-1	175-176	213-216	230	13-목인-A-1	567	574	566
07-단동-2	177-178	213-216	231	13-목인-A-2	569	574	568
07-단동-3	179-180	213-216	232	13-목인-A-3	571	574	570
07-단동-4	181-182	213-216	233	13-목인-A-4	573	574	572
10-단동-2	185-186	213-216	235	13-목인-B	576	-	575
10-단동-4	189-190	213-216	237	13-목인-B-1	578	-	577
10-단동-6	193-194	217-219	239-240	13-목인-B-2	580	-	579
10-단동-7	195-196	217-219	241-242	13-목인-B-3	582	-	581
10-단동-9	199-200	217-219	245-246	13-목인-B-4	584	-	583
07-단동-18	209-210	213-216	252	13-목인-C	586	-	585
12-단동-1	211-212	226-229	253	13-목인-C-1	588	595	587
				13-목인-C-2	590	595	589
<광폭비닐하우스>				13-목인-C-3	592	595	591
10-광폭-1	255-264	275-282	283-284	13-목인-C-4	594	595	593
10-광폭-2	265-274	275-282	285-286	<민간개발규격>			
				07-단동(민)-4	443-449	460-461	465
<과수비닐하우스>				08-단동(민)-1	495-499	505-506	507-511
07-포도-1	361-371	382-389	398-400	07-연동(민)-1	450-459	460-461	467-468
10-포도-1	372-381	390-397	401-403	10-광폭(민)-1	470-474	485-487	488-489
08-감귤-1	405-417	418-425	426-428	10-광폭(민)-2	475-479	485-487	490-491
				10-광폭(민)-3	480-484	485-487	492-493
<간이버섯재배사>							
08-버섯-1	513-521	532-541	542-545				
08-버섯-2	522-531	532-541	542-545				

○ 의령군 (적설심 20cm, 풍속 32m/s)

규격명	설계도·시방서 쪽 번호			규격명	설계도·시방서 쪽 번호		
	설계도면	시방서	자재내역		설계도면	시방서	자재내역
<연동비닐하우스>				<철재인삼재배시설>			
07-연동-1	36-52	53-59	60-63	07-철인-A	551	558	550
08-연동-1	66-78	79-85	86-89	07-철인-A-1	553	558	552
10-연동-1	91-106	107-112	113-115	07-철인-A-2	555	558	554
10-연동-2	117-133	134-139	140-143	07-철인-A-3	557	558	556
12-연동-1	145-162	163-168	169-173	13-철인-W	560	561	559
<단동비닐하우스>				<목재인삼재배시설>			
07-단동-1	175-176	213-216	230	13-목인-A	565	-	564
07-단동-2	177-178	213-216	231	13-목인-A-1	567	574	566
07-단동-3	179-180	213-216	232	13-목인-A-2	569	574	568
07-단동-4	181-182	213-216	233	13-목인-A-3	571	574	570
10-단동-1	183-184	213-216	234	13-목인-A-4	573	574	572
10-단동-2	185-186	213-216	235	13-목인-B	576	-	575
10-단동-3	187-188	213-216	236	13-목인-B-1	578	-	577
10-단동-4	189-190	213-216	237	13-목인-B-2	580	-	579
10-단동-5	191-192	213-216	238	13-목인-B-3	582	-	581
10-단동-6	193-194	217-219	239-240	13-목인-B-4	584	-	583
10-단동-7	195-196	217-219	241-242	13-목인-C	586	-	585
10-단동-8	197-198	217-219	243-244	13-목인-C-1	588	595	587
10-단동-9	199-200	217-219	245-246	13-목인-C-2	590	595	589
07-단동-18	209-210	213-216	252	13-목인-C-3	592	595	591
12-단동-1	211-212	226-229	253	13-목인-C-4	594	595	593
<광폭비닐하우스>				<민간개발규격>			
10-광폭-1	255-264	275-282	283-284	07-단동(민)-4	443-449	460-461	465
10-광폭-2	265-274	275-282	285-286	08-단동(민)-1	495-499	505-506	507-511
				07-연동(민)-1	450-459	460-461	467-468
<과수비닐하우스>				08-연동(민)-1	500-504	505-506	507-511
07-포도-1	361-371	382-389	398-400	10-광폭(민)-1	470-474	485-487	488-489
10-포도-1	372-381	390-397	401-403	10-광폭(민)-2	475-479	485-487	490-491
08-감귤-1	405-417	418-425	426-428	10-광폭(민)-3	480-484	485-487	492-493
<간이버섯재배사>							
08-버섯-1	513-521	532-541	542-545				
08-버섯-2	522-531	532-541	542-545				

○ 진주시 (적설심 20cm, 풍속 32m/s)

규격명	설계도·시방서 쪽 번호			규격명	설계도·시방서 쪽 번호		
	설계도면	시방서	자재내역		설계도면	시방서	자재내역
<연동비닐하우스>				<철재인삼재배시설>			
07-연동-1	36-52	53-59	60-63	07-철인-A	551	558	550
08-연동-1	66-78	79-85	86-89	07-철인-A-1	553	558	552
10-연동-1	91-106	107-112	113-115	07-철인-A-2	555	558	554
10-연동-2	117-133	134-139	140-143	07-철인-A-3	557	558	556
12-연동-1	145-162	163-168	169-173	13-철인-W	560	561	559
<단동비닐하우스>				<목재인삼재배시설>			
07-단동-1	175-176	213-216	230	13-목인-A	565	-	564
07-단동-2	177-178	213-216	231	13-목인-A-1	567	574	566
07-단동-3	179-180	213-216	232	13-목인-A-2	569	574	568
07-단동-4	181-182	213-216	233	13-목인-A-3	571	574	570
10-단동-1	183-184	213-216	234	13-목인-A-4	573	574	572
10-단동-2	185-186	213-216	235	13-목인-B	576	-	575
10-단동-3	187-188	213-216	236	13-목인-B-1	578	-	577
10-단동-4	189-190	213-216	237	13-목인-B-2	580	-	579
10-단동-5	191-192	213-216	238	13-목인-B-3	582	-	581
10-단동-6	193-194	217-219	239-240	13-목인-B-4	584	-	583
10-단동-7	195-196	217-219	241-242	13-목인-C	586	-	585
10-단동-8	197-198	217-219	243-244	13-목인-C-1	588	595	587
10-단동-9	199-200	217-219	245-246	13-목인-C-2	590	595	589
07-단동-18	209-210	213-216	252	13-목인-C-3	592	595	591
12-단동-1	211-212	226-229	253	13-목인-C-4	594	595	593
<광폭비닐하우스>				<민간개발규격>			
10-광폭-1	255-264	275-282	283-284				
10-광폭-2	265-274	275-282	285-286	07-단동(민)-4	443-449	460-461	465
13-광폭-1	288-295	339-347	348-349	08-단동(민)-1	495-499	505-506	507-511
				07-연동(민)-1	450-459	460-461	467-468
<과수비닐하우스>				08-연동(민)-1	500-504	505-506	507-511
07-포도-1	361-371	382-389	398-400	10-광폭(민)-1	470-474	485-487	488-489
10-포도-1	372-381	390-397	401-403	10-광폭(민)-2	475-479	485-487	490-491
08-감귤-1	405-417	418-425	426-428	10-광폭(민)-3	480-484	485-487	492-493
<간이버섯재배사>							
08-버섯-1	513-521	532-541	542-545				
08-버섯-2	522-531	532-541	542-545				

○ 창녕군 (적설심 20cm, 풍속 30m/s)

규격명	설계도·시방서 쪽 번호			규격명	설계도·시방서 쪽 번호		
	설계도면	시방서	자재내역		설계도면	시방서	자재내역
<연동비닐하우스>				<철재인삼재배시설>			
07-연동-1	36-52	53-59	60-63	07-철인-A	551	558	550
08-연동-1	66-78	79-85	86-89	07-철인-A-1	553	558	552
10-연동-1	91-106	107-112	113-115	07-철인-A-2	555	558	554
10-연동-2	117-133	134-139	140-143	07-철인-A-3	557	558	556
12-연동-1	145-162	163-168	169-173	13-철인-W	560	561	559
<단동비닐하우스>				<목재인삼재배시설>			
07-단동-1	175-176	213-216	230	13-목인-A	565	-	564
07-단동-2	177-178	213-216	231	13-목인-A-1	567	574	566
07-단동-3	179-180	213-216	232	13-목인-A-2	569	574	568
07-단동-4	181-182	213-216	233	13-목인-A-3	571	574	570
10-단동-1	183-184	213-216	234	13-목인-A-4	573	574	572
10-단동-2	185-186	213-216	235	13-목인-B	576	-	575
10-단동-3	187-188	213-216	236	13-목인-B-1	578	-	577
10-단동-4	189-190	213-216	237	13-목인-B-2	580	-	579
10-단동-5	191-192	213-216	238	13-목인-B-3	582	-	581
10-단동-6	193-194	217-219	239-240	13-목인-B-4	584	-	583
10-단동-7	195-196	217-219	241-242	13-목인-C	586	-	585
10-단동-8	197-198	217-219	243-244	13-목인-C-1	588	595	587
10-단동-9	199-200	217-219	245-246	13-목인-C-2	590	595	589
07-단동-18	209-210	213-216	252	13-목인-C-3	592	595	591
12-단동-1	211-212	226-229	253	13-목인-C-4	594	595	593
<광폭비닐하우스>				<민간개발규격>			
10-광폭-1	255-264	275-282	283-284	07-단동(민)-4	443-449	460-461	465
10-광폭-2	265-274	275-282	285-286	08-단동(민)-1	495-499	505-506	507-511
	288-295	339-347	348-349	07-연동(민)-1	450-459	460-461	467-468
<과수비닐하우스>				08-연동(민)-1	500-504	505-506	507-511
07-포도-1	361-371	382-389	398-400	10-광폭(민)-1	470-474	485-487	488-489
10-포도-1	372-381	390-397	401-403	10-광폭(민)-2	475-479	485-487	490-491
08-감귤-1	405-417	418-425	426-428	10-광폭(민)-3	480-484	485-487	492-493
<간이버섯재배사>							
08-버섯-1	513-521	532-541	542-545				
08-버섯-2	522-531	532-541	542-545				

○ 창원시 (적설심 20cm, 풍속 34m/s)

규격명	설계도·시방서 쪽 번호			규격명	설계도·시방서 쪽 번호		
	설계도면	시방서	자재내역		설계도면	시방서	자재내역
<연동비닐하우스>				<철재인삼재배시설>			
07-연동-1	36-52	53-59	60-63	07-철인-A	551	558	550
08-연동-1	66-78	79-85	86-89	07-철인-A-1	553	558	552
10-연동-1	91-106	107-112	113-115	07-철인-A-2	555	558	554
10-연동-2	117-133	134-139	140-143	07-철인-A-3	557	558	556
12-연동-1	145-162	163-168	169-173	13-철인-W	560	561	559
<단동비닐하우스>				<목재인삼재배시설>			
				3-목인-A	565	-	564
07-단동-1	175-176	213-216	230	13-목인-A-1	567	574	566
07-단동-2	177-178	213-216	231	13-목인-A-2	569	574	568
07-단동-3	179-180	213-216	232	13-목인-A-3	571	574	570
07-단동-4	181-182	213-216	233	13-목인-A-4	573	574	572
10-단동-2	185-186	213-216	235	13-목인-B	576	-	575
10-단동-4	189-190	213-216	237	13-목인-B-1	578	-	577
10-단동-6	193-194	217-219	239-240	13-목인-B-2	580	-	579
10-단동-7	195-196	217-219	241-242	13-목인-B-3	582	-	581
10-단동-9	199-200	217-219	245-246	13-목인-B-4	584	-	583
07-단동-18	209-210	213-216	252	13-목인-C	586	-	585
12-단동-1	211-212	226-229	253	13-목인-C-1	588	595	587
				13-목인-C-2	590	595	589
<광폭비닐하우스>				13-목인-C-3	592	595	591
10-광폭-1	255-264	275-282	283-284				
10-광폭-2	265-274	275-282	285-286	<민간개발규격>			
				07-단동(민)-4	443-449	460-461	465
<과수비닐하우스>				08-단동(민)-1	495-499	505-506	507-511
07-포도-1	361-371	382-389	398-400	07-연동(민)-1	450-459	460-461	467-468
10-포도-1	372-381	390-397	401-403	08-연동(민)-1	500-504	505-506	507-511
08-감귤-1	405-417	418-425	426-428	10-광폭(민)-1	470-474	485-487	488-489
				10-광폭(민)-2	475-479	485-487	490-491
<간이버섯재배사>				10-광폭(민)-3	480-484	485-487	492-493
08-버섯-1	513-521	532-541	542-545				
08-버섯-2	522-531	532-541	542-545				

○ **창원시(마산)** (적설심 20cm, 풍속 36m/s)

규격명	설계도·시방서 쪽 번호			규격명	설계도·시방서 쪽 번호		
	설계도면	시방서	자재내역		설계도면	시방서	자재내역
<연동비닐하우스>				<철재인삼재배시설>			
07-연동-1	36-52	53-59	60-63	07-철인-A	551	558	550
08-연동-1	66-78	79-85	86-89	07-철인-A-1	553	558	552
10-연동-1	91-106	107-112	113-115	07-철인-A-2	555	558	554
10-연동-2	117-133	134-139	140-143	07-철인-A-3	557	558	556
12-연동-1	145-162	163-168	169-173	13-철인-W	560	561	559
<단동비닐하우스>				<목재인삼재배시설>			
07-단동-3	179-180	213-216	232	13-목인-A	565	-	564
07-단동-4	181-182	213-216	233	13-목인-A-1	567	574	566
10-단동-6	193-194	217-219	239-240	13-목인-A-2	569	574	568
10-단동-7	195-196	217-219	241-242	13-목인-A-3	571	574	570
10-단동-9	199-200	217-219	245-246	13-목인-A-4	573	574	572
07-단동-18	209-210	213-216	252	13-목인-B	576	-	575
12-단동-1	211-212	226-229	253	13-목인-B-1	578	-	577
				13-목인-B-2	580	-	579
<광폭비닐하우스>				13-목인-B-3	582	-	581
10-광폭-1	255-264	275-282	283-284	13-목인-B-4	584	-	583
10-광폭-2	265-274	275-282	285-286	13-목인-C	586	-	585
				13-목인-C-1	588	595	587
<과수비닐하우스>				13-목인-C-2	590	595	589
08-감귤-1	405-417	418-425	426-428	13-목인-C-3	592	595	591
				13-목인-C-4	594	595	593
<간이버섯재배사>				<민간개발규격>			
08-버섯-1	513-521	532-541	542-545				
08-버섯-2	522-531	532-541	542-545	10-광폭(민)-1	470-474	485-487	488-489

○ 창원시(진해) (적설심 20cm, 풍속 34m/s)

규격명	설계도 · 시방서 쪽 번호			규격명	설계도 · 시방서 쪽 번호		
	설계도면	시방서	자재내역		설계도면	시방서	자재내역
<연동비닐하우스>				<철재인삼재배시설>			
07-연동-1	36-52	53-59	60-63	07-철인-A	551	558	550
08-연동-1	66-78	79-85	86-89	07-철인-A-1	553	558	552
10-연동-1	91-106	107-112	113-115	07-철인-A-2	555	558	554
10-연동-2	117-133	134-139	140-143	07-철인-A-3	557	558	556
12-연동-1	145-162	163-168	169-173	13-철인-W	560	561	559
<단동비닐하우스>				<목재인삼재배시설>			
07-단동-1	175-176	213-216	230	13-목인-A	565	-	564
07-단동-2	177-178	213-216	231	13-목인-A-1	567	574	566
07-단동-3	179-180	213-216	232	13-목인-A-2	569	574	568
07-단동-4	181-182	213-216	233	13-목인-A-3	571	574	570
10-단동-2	185-186	213-216	235	13-목인-A-4	573	574	572
10-단동-4	189-190	213-216	237	13-목인-B	576	-	575
10-단동-6	193-194	217-219	239-240	13-목인-B-1	578	-	577
10-단동-7	195-196	217-219	241-242	13-목인-B-2	580	-	579
10-단동-9	199-200	217-219	245-246	13-목인-B-3	582	-	581
07-단동-18	209-210	213-216	252	13-목인-B-4	584	-	583
12-단동-1	211-212	226-229	253	13-목인-C	586	-	585
				13-목인-C-1	588	595	587
				13-목인-C-2	590	595	587
<광폭비닐하우스>				13-목인-C-3	592	595	589
10-광폭-1	255-264	275-282	283-284	13-목인-C-4	594	595	589
10-광폭-2	265-274	275-282	285-286				
				<민간개발규격>			
<과수비닐하우스>				07-단동(민)-4	443-449	460-461	465
07-포도-1	361-371	382-389	398-400	08-단동(민)-1	495-499	505-506	507-511
10-포도-1	372-381	390-397	401-403	07-연동(민)-1	450-459	460-461	467-468
08-감귤-1	405-417	418-425	426-428	10-광폭(민)-1	470-474	485-487	488-489
				10-광폭(민)-2	475-479	485-487	490-491
<간이버섯재배사>				10-광폭(민)-3	480-484	485-487	492-493
08-버섯-1	513-521	532-541	542-545				
08-버섯-2	522-531	532-541	542-545				

○ **통영시** (적설심 20cm, 풍속 40m/s)

규격명	설계도·시방서 쪽 번호			규격명	설계도·시방서 쪽 번호		
	설계도면	시방서	자재내역		설계도면	시방서	자재내역
<연동비닐하우스>				<철재인삼재배시설>			
07-연동-1	36-52	53-59	60-63	07-철인-A	551	558	550
10-연동-1	91-106	107-112	113-115	07-철인-A-1	553	558	552
10-연동-2	117-133	134-139	140-143	07-철인-A-2	555	558	554
12-연동-1	145-162	163-168	169-173	07-철인-A-3	557	558	556
				13-철인-W	560	561	559
				<목재인삼재배시설>			
<단동비닐하우스>				13-목인-A	565	-	564
10-단동-7	195-196	217-219	241-242	13-목인-A-1	567	574	566
07-단동-18	209-210	213-216	252	13-목인-A-2	569	574	568
12-단동-1	211-212	226-229	253	13-목인-A-3	571	574	570
				13-목인-A-4	573	574	572
				13-목인-B	576	-	575
<광폭비닐하우스>				13-목인-B-1	578	-	577
10-광폭-1	255-264	275-282	283-284	13-목인-B-2	580	-	579
10-광폭-2	265-274	275-282	285-286	13-목인-B-3	582	-	581
				13-목인-B-4	584	-	583
				13-목인-C	586	-	585
<과수비닐하우스>				13-목인-C-1	588	595	587
08-감귤-1	405-417	418-425	426-428	13-목인-C-2	590	595	589
				13-목인-C-3	592	595	591
				13-목인-C-4	594	595	593
<간이버섯재배사>							
08-버섯-1	513-521	532-541	542-545	<민간개발규격>			
08-버섯-2	522-531	532-541	542-545	10-광폭(민)-1	470-474	485-487	488-489

○ 하동군 (적설심 20cm, 풍속 32m/s)

규격명	설계도·시방서 쪽 번호			규격명	설계도·시방서 쪽 번호		
	설계도면	시방서	자재내역		설계도면	시방서	자재내역
<연동비닐하우스>				<철재인삼재배시설>			
07-연동-1	36-52	53-59	60-63	07-철인-A	551	558	550
08-연동-1	66-78	79-85	86-89	07-철인-A-1	553	558	552
10-연동-1	91-106	107-112	113-115	07-철인-A-2	555	558	554
10-연동-2	117-133	134-139	140-143	07-철인-A-3	557	558	556
12-연동-1	145-162	163-168	169-173	13-철인-W	560	561	559
<단동비닐하우스>				<목재인삼재배시설>			
07-단동-1	175-176	213-216	230	13-목인-A	565	-	564
07-단동-2	177-178	213-216	231	13-목인-A-1	567	574	566
07-단동-3	179-180	213-216	232	13-목인-A-2	569	574	568
07-단동-4	181-182	213-216	233	13-목인-A-3	571	574	570
10-단동-1	183-184	213-216	234	13-목인-A-4	573	574	572
10-단동-2	185-186	213-216	235	13-목인-B	576	-	575
10-단동-3	187-188	213-216	236	13-목인-B-1	578	-	577
10-단동-4	189-190	213-216	237	13-목인-B-2	580	-	579
10-단동-5	191-192	213-216	238	13-목인-B-3	582	-	581
10-단동-6	193-194	217-219	239-240	13-목인-B-4	584	-	583
10-단동-7	195-196	217-219	241-242	13-목인-C	586	-	585
10-단동-8	197-198	217-219	243-244	13-목인-C-1	588	595	587
10-단동-9	199-200	217-219	245-246	13-목인-C-2	590	595	589
07-단동-18	209-210	213-216	252	13-목인-C-3	592	595	591
12-단동-1	211-212	226-229	253	13-목인-C-4	594	595	593
<광폭비닐하우스>				<민간개발규격>			
10-광폭-1	255-264	275-282	283-284	07-단동(민)-4	443-449	460-461	465
10-광폭-2	265-274	275-282	285-286	08-단동(민)-1	495-499	505-506	507-511
<과수비닐하우스>				07-연동(민)-1	450-459	460-461	467-468
07-포도-1	361-371	382-389	398-400	08-연동(민)-1	500-504	505-506	507-511
10-포도-1	372-381	390-397	401-403	10-광폭(민)-1	470-474	485-487	488-489
08-감귤-1	405-417	418-425	426-428	10-광폭(민)-2	475-479	485-487	490-491
<간이버섯재배사>				10-광폭(민)-3	480-484	485-487	492-493
08-버섯-1	513-521	532-541	542-545				
08-버섯-2	522-531	532-541	542-545				

○ 함안군 (적설심 20cm, 풍속 34m/s)

규격명	설계도·시방서 쪽 번호			규격명	설계도·시방서 쪽 번호		
	설계도면	시방서	자재내역		설계도면	시방서	자재내역
<연동비닐하우스>				<철재인삼재배시설>			
07-연동-1	36-52	53-59	60-63	07-철인-A	551	558	550
08-연동-1	66-78	79-85	86-89	07-철인-A-1	553	558	552
10-연동-1	91-106	107-112	113-115	07-철인-A-2	555	558	554
10-연동-2	117-133	134-139	140-143	07-철인-A-3	557	558	556
12-연동-1	145-162	163-168	169-173	13-철인-W	560	561	559
<단동비닐하우스>				<목재인삼재배시설>			
07-단동-1	175-176	213-216	230	13-목인-A	565	-	564
07-단동-2	177-178	213-216	231	13-목인-A-1	567	574	566
07-단동-3	179-180	213-216	232	13-목인-A-2	569	574	568
07-단동-4	181-182	213-216	233	13-목인-A-3	571	574	570
10-단동-2	185-186	213-216	232	13-목인-A-4	573	574	572
10-단동-4	189-190	213-216	375	13-목인-B	576	-	575
10-단동-6	193-194	217-219	239-240	13-목인-B-1	578	-	577
10-단동-7	195-196	217-219	241-242	13-목인-B-2	580	-	579
10-단동-9	199-200	217-219	245-246	13-목인-B-3	582	-	581
07-단동-18	209-210	213-216	252	13-목인-B-4	584	-	583
12-단동-1	211-212	226-229	253	13-목인-C	586	-	585
				13-목인-C-1	588	595	587
				13-목인-C-2	590	595	589
<광폭비닐하우스>				13-목인-C-3	592	595	591
10-광폭-1	255-264	275-282	283-284	13-목인-C-4	594	595	593
10-광폭-2	265-274	275-282	285-286				
				<민간개발규격>			
<과수비닐하우스>				07-단동(민)-4	443-449	460-461	465
07-포도-1	361-371	382-389	398-400	08-단동(민)-1	495-499	505-506	507-511
10-포도-1	372-381	390-397	401-403	07-연동(민)-1	450-459	460-461	467-468
08-감귤-1	405-417	418-425	426-428	10-광폭(민)-1	470-474	485-487	488-489
				10-광폭(민)-2	475-479	485-487	490-491
<간이버섯재배사>				10-광폭(민)-3	480-484	485-487	492-493
08-버섯-1	513-521	532-541	542-545				
08-버섯-2	522-531	532-541	542-545				

○ 함양군 (적설심 30cm, 풍속 26m/s)

규격명	설계도·시방서 쪽 번호			규격명	설계도·시방서 쪽 번호		
	설계도면	시방서	자재내역		설계도면	시방서	자재내역
<연동비닐하우스>				<철재인삼재배시설>			
07-연동-1	36-52	53-59	60-63	07-철인-A	551	558	550
08-연동-1	66-78	79-85	86-89	07-철인-A-1	553	558	552
10-연동-1	91-106	107-112	113-115				
10-연동-2	117-133	134-139	140-143	<목재인삼재배시설>			
12-연동-1	145-162	163-168	169-173	13-목인-A	565	-	564
				13-목인-A-1	567	574	566
<단동비닐하우스>				13-목인-A-2	569	574	568
07-단동-1	175-176	213-216	230	13-목인-B	576	-	575
07-단동-2	177-178	213-216	231	13-목인-B-1	578	-	577
07-단동-3	179-180	213-216	232	13-목인-B-2	580	-	579
07-단동-4	181-182	213-216	233	13-목인-B-3	582	-	581
10-단동-1	183-184	213-216	234	13-목인-B-4	584	-	583
10-단동-2	185-186	213-216	235	13-목인-C	586	-	585
10-단동-3	187-188	213-216	236	13-목인-C-1	588	595	587
10-단동-4	189-190	213-216	237				
10-단동-5	191-192	213-216	238	<민간개발규격>			
10-단동-10	201-202	220-225	247	07-단동(민)-4	443-449	460-461	465
10-단동-13	207-208	220-225	251	08-단동(민)-1	495-499	505-506	507-511
07-단동-18	209-210	213-216	252	07-연동(민)-1	450-459	460-461	467-468
12-단동-1	211-212	226-229	253	08-연동(민)-1	500-504	505-506	507-511
				10-광폭(민)-1	470-474	485-487	488-489
<광폭비닐하우스>				10-광폭(민)-2	475-479	485-487	490-491
10-광폭-1	255-264	275-282	283-284	10-광폭(민)-3	480-484	485-487	492-493
10-광폭-2	265-274	275-282	285-286				
<과수비닐하우스>							
07-포도-1	361-371	382-389	398-400				
10-포도-1	372-381	390-397	401-403				
08-감귤-1	405-417	418-425	426-428				
<간이버섯재배사>							
08-버섯-1	513-521	532-541	542-545				
08-버섯-2	522-531	532-541	542-545				

◯ 합천군 (적설심 22cm, 풍속 28m/s)

규격명	설계도·시방서 쪽 번호			규격명	설계도·시방서 쪽 번호		
	설계도면	시방서	자재내역		설계도면	시방서	자재내역
<연동비닐하우스>				<철재인삼재배시설>			
07-연동-1	36-52	53-59	60-63	07-철인-A	551	558	550
08-연동-1	66-78	79-85	86-89	07-철인-A-1	553	558	552
10-연동-1	91-106	107-112	113-115	07-철인-A-2	555	558	554
10-연동-2	117-133	134-139	140-143	07-철인-A-3	557	558	556
12-연동-1	145-162	163-168	169-173	13-철인-W	560	561	559
<단동비닐하우스>				<목재인삼재배시설>			
07-단동-1	175-176	213-216	230	13-목인-A	565	-	564
07-단동-2	177-178	213-216	231	13-목인-A-1	567	574	566
07-단동-3	179-180	213-216	232	13-목인-A-2	569	574	568
07-단동-4	181-182	213-216	233	13-목인-A-3	571	574	570
10-단동-1	183-184	213-216	234	13-목인-A-4	573	574	572
10-단동-2	185-186	213-216	235	13-목인-B	576	-	575
10-단동-3	187-188	213-216	236	13-목인-B-1	578	-	577
10-단동-4	189-190	213-216	237	13-목인-B-2	580	-	579
10-단동-5	191-192	213-216	238	13-목인-B-3	582	-	581
10-단동-6	193-194	217-219	239-240	13-목인-B-4	584	-	583
10-단동-7	195-196	217-219	241-242	13-목인-C	586	-	585
10-단동-8	197-198	217-219	243-244	13-목인-C-1	588	595	587
10-단동-9	199-200	217-219	245-246	13-목인-C-2	590	595	589
10-단동-10	201-202	220-225	247	13-목인-C-3	592	595	591
10-단동-13	207-208	220-225	251	13-목인-C-4	594	595	593
07-단동-18	209-210	213-216	252				
12-단동-1	211-212	226-229	253	<민간개발규격>			
<광폭비닐하우스>				07-단동(민)-4	443-449	460-461	465
10-광폭-1	255-264	275-282	283-284	08-단동(민)-1	495-499	505-506	507-511
10-광폭-2	265-274	275-282	285-286	07-연동(민)-1	450-459	460-461	467-468
13-광폭-1	288-295	339-347	348-349	08-연동(민)-1	500-504	505-506	507-511
13-광폭-2	296-303	339-347	350-351	10-광폭(민)-1	470-474	485-487	488-489
13-광폭-3	304-311	339-347	352-353	10-광폭(민)-2	475-479	485-487	490-491
<과수비닐하우스>				10-광폭(민)-3	480-484	485-487	492-493
07-포도-1	361-371	382-389	398-400				
10-포도-1	372-381	390-397	401-403				
08-감귤-1	405-417	418-425	426-428				
<간이버섯재배사>							
08-버섯-1	513-521	532-541	542-545				
08-버섯-2	522-531	532-541	542-545				

5. 경상북도

○ 경산시 (적설심 20cm, 풍속 28m/s)

규격명	설계도 · 시방서 쪽 번호			규격명	설계도 · 시방서 쪽 번호		
	설계도면	시방서	자재내역		설계도면	시방서	자재내역
<연동비닐하우스>				<철재인삼재배시설>			
07-연동-1	36-52	53-59	60-63	07-철인-A	551	558	550
08-연동-1	66-78	79-85	86-89	07-철인-A-1	553	558	552
10-연동-1	91-106	107-112	113-115	07-철인-A-2	555	558	554
10-연동-2	117-133	134-139	140-143	07-철인-A-3	557	558	556
12-연동-1	145-162	163-168	169-173	13-철인-W	560	561	559
<단동비닐하우스>				<목재인삼재배시설>			
07-단동-1	175-176	213-216	230	13-목인-A	565	-	564
07-단동-2	177-178	213-216	231	13-목인-A-1	567	574	566
07-단동-3	179-180	213-216	232	13-목인-A-2	569	574	568
07-단동-4	181-182	213-216	233	13-목인-A-3	571	574	570
10-단동-1	183-184	213-216	234	13-목인-A-4	573	574	572
10-단동-2	185-186	213-216	235	13-목인-B	576	-	575
10-단동-3	187-188	213-216	236	13-목인-B-1	578	-	577
10-단동-4	189-190	213-216	237	13-목인-B-2	580	-	579
10-단동-5	191-192	213-216	238	13-목인-B-3	582	-	581
10-단동-6	193-194	217-219	239-240	13-목인-B-4	584	-	583
10-단동-7	195-196	217-219	241-242	13-목인-C	586	-	585
10-단동-8	197-198	217-219	243-244	13-목인-C-1	588	595	587
10-단동-9	199-200	217-219	245-246	13-목인-C-2	590	595	589
10-단동-10	201-202	220-225	247	13-목인-C-3	592	595	591
10-단동-13	207-208	220-225	251	13-목인-C-4	594	595	593
07-단동-18	209-210	213-216	252				
12-단동-1	211-212	226-229	253	<민간개발규격>			
<광폭비닐하우스>				07-단동(민)-4	443-449	460-461	465
10-광폭-1	255-264	275-282	283-284	08-단동(민)-1	495-499	505-506	507-511
10-광폭-2	265-274	275-282	285-286	07-연동(민)-1	450-459	460-461	467-468
13-광폭-1	288-295	339-347	348-349	08-연동(민)-1	500-504	505-506	507-511
13-광폭-2	296-303	339-347	350-351	10-광폭(민)-1	470-474	485-487	488-489
13-광폭-3	304-311	339-347	352-353	10-광폭(민)-2	475-479	485-487	490-491
<과수비닐하우스>				10-광폭(민)-3	480-484	485-487	492-493
07-포도-1	361-371	382-389	398-400				
10-포도-1	372-381	390-397	401-403				
08-감귤-1	405-417	418-425	426-428				
<간이버섯재배사>							
08-버섯-1	513-521	532-541	542-545				
08-버섯-2	522-531	532-541	542-545				

○ 경주시 (적설심 20cm, 풍속 32m/s)

규격명	설계도·시방서 쪽 번호			규격명	설계도·시방서 쪽 번호		
	설계도면	시방서	자재내역		설계도면	시방서	자재내역
<연동비닐하우스>				<철재인삼재배시설>			
07-연동-1	36-52	53-59	60-63	07-철인-A	551	558	550
08-연동-1	66-78	79-85	86-89	07-철인-A-1	553	558	552
10-연동-1	91-106	107-112	113-115	07-철인-A-2	555	558	554
10-연동-2	117-133	134-139	140-143	07-철인-A-3	557	558	556
12-연동-1	145-162	163-168	169-173	13-철인-W	560	561	559
<단동비닐하우스>				<목재인삼재배시설>			
07-단동-1	175-176	213-216	230	13-목인-A	565	-	564
07-단동-2	177-178	213-216	231	13-목인-A-1	567	574	566
07-단동-3	179-180	213-216	232	13-목인-A-2	569	574	568
07-단동-4	181-182	213-216	233	13-목인-A-3	571	574	570
10-단동-1	183-184	213-216	234	13-목인-A-4	573	574	572
10-단동-2	185-186	213-216	235	13-목인-B	576	-	575
10-단동-3	187-188	213-216	236	13-목인-B-1	578	-	577
10-단동-4	189-190	213-216	237	13-목인-B-2	580	-	579
10-단동-5	191-192	213-216	238	13-목인-B-3	582	-	581
10-단동-6	193-194	217-219	239-240	13-목인-B-4	584	-	583
10-단동-7	195-196	217-219	241-242	13-목인-C	586	-	585
10-단동-8	197-198	217-219	243-244	13-목인-C-1	588	595	587
10-단동-9	199-200	217-219	245-246	13-목인-C-2	590	595	589
07-단동-18	209-210	213-216	252	13-목인-C-3	592	595	591
12-단동-1	211-212	226-229	253	13-목인-C-4	594	595	593
<광폭비닐하우스>				<민간개발규격>			
10-광폭-1	255-264	275-282	283-284	07-단동(민)-4	443-449	460-461	465
10-광폭-2	265-274	275-282	285-286	08-단동(민)-1	495-499	505-506	507-511
				07-연동(민)-1	450-459	460-461	467-468
<과수비닐하우스>				08-연동(민)-1	500-504	505-506	507-511
07-포도-1	361-371	382-389	398-400	10-광폭(민)-1	470-474	485-487	488-489
10-포도-1	372-381	390-397	401-403	10-광폭(민)-2	475-479	485-487	490-491
08-감귤-1	405-417	418-425	426-428	10-광폭(민)-3	480-484	485-487	492-493
<간이버섯재배사>							
08-버섯-1	513-521	532-541	542-545				
08-버섯-2	522-531	532-541	542-545				

○ 고령군 (적설심 22cm, 풍속 28m/s)

규격명	설계도·시방서 쪽 번호			규격명	설계도·시방서 쪽 번호		
	설계도면	시방서	자재내역		설계도면	시방서	자재내역
<연동비닐하우스>				<철재인삼재배시설>			
07-연동-1	36-52	53-59	60-63	07-철인-A	551	558	550
08-연동-1	66-78	79-85	86-89	07-철인-A-1	553	558	552
10-연동-1	91-106	107-112	113-115	07-철인-A-2	555	558	554
10-연동-2	117-133	134-139	140-143	07-철인-A-3	557	558	556
12-연동-1	145-162	163-168	169-173	13-철인-W	560	561	559
<단동비닐하우스>				<목재인삼재배시설>			
07-단동-1	175-176	213-216	230	13-목인-A	565	-	564
07-단동-2	177-178	213-216	231	13-목인-A-1	567	574	566
07-단동-3	179-180	213-216	232	13-목인-A-2	569	574	568
07-단동-4	181-182	213-216	233	13-목인-A-3	571	574	570
10-단동-1	183-184	213-216	234	13-목인-A-4	573	574	572
10-단동-2	185-186	213-216	235	13-목인-B	576	-	575
10-단동-3	187-188	213-216	236	13-목인-B-1	578	-	577
10-단동-4	189-190	213-216	237	13-목인-B-2	580	-	579
10-단동-5	191-192	213-216	238	13-목인-B-3	582	-	581
10-단동-6	193-194	217-219	239-240	13-목인-B-4	584	-	583
10-단동-7	195-196	217-219	241-242	13-목인-C	586	-	585
10-단동-8	197-198	217-219	243-244	13-목인-C-1	588	595	587
10-단동-9	199-200	217-219	245-246	13-목인-C-2	590	595	589
10-단동-10	201-202	220-225	247	13-목인-C-3	592	595	591
10-단동-13	207-208	220-225	251	13-목인-C-4	594	595	593
07-단동-18	209-210	213-216	252				
12-단동-1	211-212	226-229	253				
<광폭비닐하우스>				<민간개발규격>			
10-광폭-1	255-264	275-282	283-284	07-단동(민)-4	443-449	460-461	465
10-광폭-2	265-274	275-282	285-286	08-단동(민)-1	495-499	505-506	507-511
13-광폭-1	288-295	339-347	348-349	07-연동(민)-1	450-459	460-461	467-468
13-광폭-2	296-303	339-347	350-351	08-연동(민)-1	500-504	505-506	507-511
13-광폭-3	304-311	339-347	352-353	10-광폭(민)-1	470-474	485-487	488-489
<과수비닐하우스>				10-광폭(민)-2	475-479	485-487	490-491
07-포도-1	361-371	382-389	398-400	10-광폭(민)-3	480-484	485-487	492-493
10-포도-1	372-381	390-397	401-403				
08-감귤-1	405-417	418-425	426-428				
<간이버섯재배사>							
08-버섯-1	513-521	532-541	542-545				
08-버섯-2	522-531	532-541	542-545				

○ 구미시 (적설심 24cm, 풍속 32m/s)

규격명	설계도·시방서 쪽 번호			규격명	설계도·시방서 쪽 번호		
	설계도면	시방서	자재내역		설계도면	시방서	자재내역
<연동비닐하우스>				<철재인삼재배시설>			
07-연동-1	36-52	53-59	60-63	07-철인-A	551	558	550
08-연동-1	66-78	79-85	86-89	07-철인-A-1	553	558	552
10-연동-1	91-106	107-112	113-115	07-철인-A-2	555	558	554
10-연동-2	117-133	134-139	140-143	07-철인-A-3	557	558	556
12-연동-1	145-162	163-168	169-173	13-철인-W	560	561	559
<단동비닐하우스>				<목재인삼재배시설>			
07-단동-1	175-176	213-216	230	13-목인-A	565	-	564
07-단동-2	177-178	213-216	231	13-목인-A-1	567	574	566
07-단동-3	179-180	213-216	232	13-목인-A-2	569	574	568
07-단동-4	181-182	213-216	233	13-목인-A-3	571	574	570
10-단동-1	183-184	213-216	234	13-목인-A-4	573	574	572
10-단동-2	185-186	213-216	235	13-목인-B	576	-	575
10-단동-3	187-188	213-216	236	13-목인-B-1	578	-	577
10-단동-4	189-190	213-216	237	13-목인-B-2	580	-	579
10-단동-5	191-192	213-216	238	13-목인-B-3	582	-	581
10-단동-6	193-194	217-219	239-240	13-목인-B-4	584	-	583
10-단동-7	195-196	217-219	241-242	13-목인-C	586	-	585
10-단동-8	197-198	217-219	243-244	13-목인-C-1	588	595	587
10-단동-9	199-200	217-219	245-246	13-목인-C-2	590	595	589
07-단동-18	209-210	213-216	252	13-목인-C-3	592	595	591
12-단동-1	211-212	226-229	253				
<광폭비닐하우스>				<민간개발규격>			
10-광폭-1	255-264	275-282	283-284	07-단동(민)-4	443-449	460-461	465
10-광폭-2	265-274	275-282	285-286	08-단동(민)-1	495-499	505-506	507-511
				07-연동(민)-1	450-459	460-461	467-468
<과수비닐하우스>				08-연동(민)-1	500-504	505-506	507-511
07-포도-1	361-371	382-389	398-400	10-광폭(민)-1	470-474	485-487	488-489
10-포도-1	372-381	390-397	401-403	10-광폭(민)-2	475-479	485-487	490-491
08-감귤-1	405-417	418-425	426-428	10-광폭(민)-3	480-484	485-487	492-493
<간이버섯재배사>							
08-버섯-1	513-521	532-541	542-545				
08-버섯-2	522-531	532-541	542-545				

○ 군위군 (적설심 22cm, 풍속 28m/s)

규격명	설계도·시방서 쪽 번호			규격명	설계도·시방서 쪽 번호		
	설계도면	시방서	자재내역		설계도면	시방서	자재내역
<연동비닐하우스>				<철재인삼재배시설>			
07-연동-1	36-52	53-59	60-63	07-철인-A	551	558	550
08-연동-1	66-78	79-85	86-89	07-철인-A-1	553	558	552
10-연동-1	91-106	107-112	113-115	07-철인-A-2	555	558	554
10-연동-2	117-133	134-139	140-143	07-철인-A-3	557	558	556
12-연동-1	145-162	163-168	169-173	13-철인-W	560	561	559
<단동비닐하우스>				<목재인삼재배시설>			
07-단동-1	175-176	213-216	230	13-목인-A	565	-	564
07-단동-2	177-178	213-216	231	13-목인-A-1	567	574	566
07-단동-3	179-180	213-216	232	13-목인-A-2	569	574	568
07-단동-4	181-182	213-216	233	13-목인-A-3	571	574	570
10-단동-1	183-184	213-216	234	13-목인-A-4	573	574	572
10-단동-2	185-186	213-216	235	13-목인-B	576	-	575
10-단동-3	187-188	213-216	236	13-목인-B-1	578	-	577
10-단동-4	189-190	213-216	237	13-목인-B-2	580	-	579
10-단동-5	191-192	213-216	238	13-목인-B-3	582	-	581
10-단동-6	193-194	217-219	239-240	13-목인-B-4	584	-	583
10-단동-7	195-196	217-219	241-242	13-목인-C	586	-	585
10-단동-8	197-198	217-219	243-244	13-목인-C-1	588	595	587
10-단동-9	199-200	217-219	245-246	13-목인-C-2	590	595	589
10-단동-10	201-202	220-225	247	13-목인-C-3	592	595	591
10-단동-13	207-208	220-225	251	13-목인-C-4	594	595	593
07-단동-18	209-210	213-216	252				
12-단동-1	211-212	226-229	253	<민간개발규격>			
<광폭비닐하우스>				07-단동(민)-4	443-449	460-461	465
10-광폭-1	255-264	275-282	283-284	08-단동(민)-1	495-499	505-506	507-511
10-광폭-2	265-274	275-282	285-286	07-연동(민)-1	450-459	460-461	467-468
13-광폭-1	288-295	339-347	348-349	08-연동(민)-1	500-504	505-506	507-511
13-광폭-2	296-303	339-347	350-351	10-광폭(민)-1	470-474	485-487	488-489
13-광폭-3	304-311	339-347	352-353	10-광폭(민)-2	475-479	485-487	490-491
<과수비닐하우스>				10-광폭(민)-3	480-484	485-487	492-493
07-포도-1	361-371	382-389	398-400				
10-포도-1	372-381	390-397	401-403				
08-감귤-1	405-417	418-425	426-428				
<간이버섯재배사>							
08-버섯-1	513-521	532-541	542-545				
08-버섯-2	522-531	532-541	542-545				

○ 김천시 (적설심 28cm, 풍속 32m/s)

규격명	설계도·시방서 쪽 번호			규격명	설계도·시방서 쪽 번호		
	설계도면	시방서	자재내역		설계도면	시방서	자재내역
<연동비닐하우스>				<철재인삼재배시설>			
07-연동-1	36-52	53-59	60-63	07-철인-A	551	558	550
08-연동-1	66-78	79-85	86-89	07-철인-A-1	553	558	552
10-연동-1	91-106	107-112	113-115				
10-연동-2	117-133	134-139	140-143	<목재인삼재배시설>			
12-연동-1	145-162	163-168	169-173	13-목인-A	565	-	564
				13-목인-A-1	567	574	566
<단동비닐하우스>				13-목인-A-2	569	574	568
07-단동-1	175-176	213-216	230	13-목인-A-3	571	574	570
07-단동-2	177-178	213-216	231	13-목인-B	576	-	575
07-단동-3	179-180	213-216	232	13-목인-B-1	578	-	577
07-단동-4	181-182	213-216	233	13-목인-B-2	580	-	579
10-단동-1	183-184	213-216	234	13-목인-B-3	582	-	581
10-단동-2	185-186	213-216	235	13-목인-B-4	584	-	583
10-단동-3	187-188	213-216	236	13-목인-C	586	-	585
10-단동-4	189-190	213-216	237	13-목인-C-1	588	595	587
10-단동-5	191-192	213-216	238				
10-단동-6	193-194	217-219	239-240	<민간개발규격>			
07-단동-18	209-210	213-216	252	07-단동(민)-4	443-449	460-461	465
12-단동-1	211-212	226-229	253	08-단동(민)-1	495-499	505-506	507-511
				07-연동(민)-1	450-459	460-461	467-468
<광폭비닐하우스>				08-연동(민)-1	500-504	505-506	507-511
10-광폭-1	255-264	275-282	283-284	10-광폭(민)-1	470-474	485-487	488-489
10-광폭-2	265-274	275-282	285-286	10-광폭(민)-2	475-479	485-487	490-491
				10-광폭(민)-3	480-484	485-487	492-493
<과수비닐하우스>							
07-포도-1	361-371	382-389	398-400				
10-포도-1	372-381	390-397	401-403				
08-감귤-1	405-417	418-425	426-428				
<간이버섯재배사>							
08-버섯-1	513-521	532-541	542-545				
08-버섯-2	522-531	532-541	542-545				

○ 문경시 (적설심 34cm, 풍속 28m/s)

규격명	설계도 · 시방서 쪽 번호			규격명	설계도 · 시방서 쪽 번호		
	설계도면	시방서	자재내역		설계도면	시방서	자재내역
<연동비닐하우스>				<철재인삼재배시설>			
07-연동-1	36-52	53-59	60-63	07-철인-A	551	558	550
08-연동-1	66-78	79-85	86-89	07-철인-A-1	553	558	552
10-연동-1	91-106	107-112	113-115				
10-연동-2	117-133	134-139	140-143	<목재인삼재배시설>			
12-연동-1	145-162	163-168	169-173	13-목인-A	565	-	564
				13-목인-A-1	567	574	566
<단동비닐하우스>				13-목인-B	576	-	575
07-단동-1	175-176	213-216	230	13-목인-B-1	578	-	577
07-단동-2	177-178	213-216	231	13-목인-B-2	580	-	579
07-단동-3	179-180	213-216	232	13-목인-B-3	582	-	581
07-단동-4	181-182	213-216	233	13-목인-C	586	-	585
10-단동-1	183-184	213-216	234	13-목인-C-1	588	595	587
10-단동-2	185-186	213-216	235				
10-단동-3	187-188	213-216	236	<민간개발규격>			
10-단동-4	189-190	213-216	237	13-목인-A	565	574	564
07-단동-18	209-210	213-216	252	13-목인-A-1	567	574	566
12-단동-1	211-212	226-229	253	13-목인-B	576	-	575
				13-목인-B-1	578	-	577
<광폭비닐하우스>				13-목인-B-2	580	-	579
10-광폭-2	265-274	275-282	285-286	13-목인-B-3	582	-	581
				13-목인-C	586	595	585
<과수비닐하우스>				13-목인-C-1	588	595	587
07-포도-1	361-371	382-389	398-400				
10-포도-1	372-381	390-397	401-403				
08-감귤-1	405-417	418-425	426-428				
<간이버섯재배사>							
08-버섯-1	513-521	532-541	542-545				
08-버섯-2	522-531	532-541	542-545				

○ 봉화군 (적설심 24cm, 풍속 24m/s)

규격명	설계도·시방서 쪽 번호			규격명	설계도·시방서 쪽 번호		
	설계도면	시방서	자재내역		설계도면	시방서	자재내역
<연동비닐하우스>				<철재인삼재배시설>			
07-연동-1	36-52	53-59	60-63	07-철인-A	551	558	550
08-연동-1	66-78	79-85	86-89	07-철인-A-1	553	558	552
10-연동-1	91-106	107-112	113-115	07-철인-A-2	555	558	554
10-연동-2	117-133	134-139	140-143	07-철인-A-3	557	558	556
12-연동-1	145-162	163-168	169-173	13-철인-W	560	561	559
<단동비닐하우스>				<목재인삼재배시설>			
07-단동-1	175-176	213-216	230	13-목인-A	565	-	564
07-단동-2	177-178	213-216	231	13-목인-A-1	567	574	566
07-단동-3	179-180	213-216	232	13-목인-A-2	569	574	568
07-단동-4	181-182	213-216	233	13-목인-A-3	571	574	570
10-단동-1	183-184	213-216	234	13-목인-A-4	573	574	572
10-단동-2	185-186	213-216	235	13-목인-B	576	-	575
10-단동-3	187-188	213-216	236	13-목인-B-1	578	-	577
10-단동-4	189-190	213-216	237	13-목인-B-2	580	-	579
10-단동-5	191-192	213-216	238	13-목인-B-3	582	-	581
10-단동-6	193-194	217-219	239-240	13-목인-B-4	584	-	583
10-단동-7	195-196	217-219	241-242	13-목인-C	586	-	585
10-단동-8	197-198	217-219	243-244	13-목인-C-1	588	595	587
10-단동-9	199-200	217-219	245-246	13-목인-C-2	590	595	589
10-단동-10	201-202	220-225	247	13-목인-C-3	592	595	591
10-단동-11	203-204	220-225	248-249				
10-단동-12	205-206	220-225	250				
10-단동-13	207-208	220-225	251				
07-단동-18	209-210	213-216	252				
12-단동-1	211-212	226-229	253				
				<민간개발규격>			
<광폭비닐하우스>				07-단동(민)-1	430-432	460-461	462
10-광폭-1	255-264	275-282	283-284	07-단동(민)-2	433-437	460-461	463
10-광폭-2	265-274	275-282	285-286	07-단동(민)-3	438-442	460-461	464
13-광폭-1	288-295	339-347	348-349	07-단동(민)-4	443-449	460-461	465
				08-단동(민)-1	495-499	505-506	507-511
<과수비닐하우스>				07-연동(민)-1	450-459	460-461	467-468
07-포도-1	361-371	382-389	398-400	08-연동(민)-1	500-504	505-506	507-511
10-포도-1	372-381	390-397	401-403	10-광폭(민)-1	470-474	485-487	488-489
08-감귤-1	405-417	418-425	426-428	10-광폭(민)-2	475-479	485-487	490-491
<간이버섯재배사>				10-광폭(민)-3	480-484	485-487	492-493
08-버섯-1	513-521	532-541	542-545				
08-버섯-2	522-531	532-541	542-545				

○ 상주시 (적설심 30cm, 풍속 30m/s)

규격명	설계도·시방서 쪽 번호			규격명	설계도·시방서 쪽 번호		
	설계도면	시방서	자재내역		설계도면	시방서	자재내역
<연동비닐하우스>				<철재인삼재배시설>			
07-연동-1	36-52	53-59	60-63	07-철인-A	551	558	550
08-연동-1	66-78	79-85	86-89	07-철인-A-1	553	558	552
10-연동-1	91-106	107-112	113-115				
10-연동-2	117-133	134-139	140-143	<목재인삼재배시설>			
12-연동-1	145-162	163-168	169-173	13-목인-A	565	-	564
				13-목인-A-1	567	574	566
<단동비닐하우스>				13-목인-A-2	569	574	568
07-단동-1	175-176	213-216	230	13-목인-B	576	-	575
07-단동-2	177-178	213-216	231	13-목인-B-1	578	-	577
07-단동-3	179-180	213-216	232	13-목인-B-2	580	-	579
07-단동-4	181-182	213-216	233	13-목인-B-3	582	-	581
10-단동-1	183-184	213-216	234	13-목인-B-4	584	-	583
10-단동-2	185-186	213-216	235	13-목인-C	586	-	585
10-단동-3	187-188	213-216	236	13-목인-C-1	588	595	587
10-단동-4	189-190	213-216	237				
10-단동-5	191-192	213-216	238	<민간개발규격>			
07-단동-18	209-210	213-216	232	07-단동(민)-4	443-449	460-461	465
12-단동-1	211-212	226-229	253	08-단동(민)-1	495-499	505-506	507-511
				07-연동(민)-1	450-459	460-461	467-468
<광폭비닐하우스>				08-연동(민)-1	500-504	505-506	507-511
10-광폭-1	255-264	275-282	283-284	10-광폭(민)-1	470-474	485-487	488-489
10-광폭-2	265-274	275-282	285-286	10-광폭(민)-2	475-479	485-487	490-491
				10-광폭(민)-3	480-484	485-487	492-493
<과수비닐하우스>							
07-포도-1	361-371	382-389	398-400				
10-포도-1	372-381	390-397	401-403				
08-감귤-1	405-417	418-425	426-428				
<간이버섯재배사>							
08-버섯-1	513-521	532-541	542-545				
08-버섯-2	522-531	532-541	542-545				

○ 성주군 (적설심 24cm, 풍속 30m/s)

규격명	설계도·시방서 쪽 번호			규격명	설계도·시방서 쪽 번호		
	설계도면	시방서	자재내역		설계도면	시방서	자재내역
<연동비닐하우스>				<철재인삼재배시설>			
07-연동-1	36-52	53-59	60-63	07-철인-A	551	558	550
08-연동-1	66-78	79-85	86-89	07-철인-A-1	553	558	552
10-연동-1	91-106	107-112	113-115	07-철인-A-2	555	558	554
10-연동-2	117-133	134-139	140-143	07-철인-A-3	557	558	556
12-연동-1	145-162	163-168	169-173	13-철인-W	560	561	559
<단동비닐하우스>				<목재인삼재배시설>			
07-단동-1	175-176	213-216	230	13-목인-A	565	-	564
07-단동-2	177-178	213-216	231	13-목인-A-1	567	574	566
07-단동-3	179-180	213-216	232	13-목인-A-2	569	574	568
07-단동-4	181-182	213-216	233	13-목인-A-3	571	574	570
10-단동-1	183-184	213-216	234	13-목인-A-4	573	574	572
10-단동-2	185-186	213-216	235	13-목인-B	576	-	575
10-단동-3	187-188	213-216	236	13-목인-B-1	578	-	577
10-단동-4	189-190	213-216	237	13-목인-B-2	580	-	579
10-단동-5	191-192	213-216	238	13-목인-B-3	582	-	581
10-단동-6	193-194	217-219	239-240	13-목인-B-4	584	-	583
10-단동-7	195-196	217-219	241-242	13-목인-C	586	-	585
10-단동-8	197-198	217-219	243-244	13-목인-C-1	588	595	587
10-단동-9	199-200	217-219	245-246	13-목인-C-2	590	595	589
07-단동-18	209-210	213-216	252	13-목인-C-3	592	595	591
12-단동-1	211-212	226-229	253				
<광폭비닐하우스>				<민간개발규격>			
10-광폭-1	255-264	275-282	283-284	07-단동(민)-4	443-449	460-461	465
10-광폭-2	265-274	275-282	285-286	08-단동(민)-1	495-499	505-506	507-511
				07-연동(민)-1	450-459	460-461	467-468
<과수비닐하우스>				08-연동(민)-1	500-504	505-506	507-511
07-포도-1	361-371	382-389	398-400	10-광폭(민)-1	470-474	485-487	488-489
10-포도-1	372-381	390-397	401-403	10-광폭(민)-2	475-479	485-487	490-491
08-감귤-1	405-417	418-425	426-428	10-광폭(민)-3	480-484	485-487	492-493
<간이버섯재배사>							
08-버섯-1	513-521	532-541	542-545				
08-버섯-2	522-531	532-541	542-545				

○ 안동시 (적설심 22cm, 풍속 28m/s)

규격명	설계도·시방서 쪽 번호			규격명	설계도·시방서 쪽 번호		
	설계도면	시방서	자재내역		설계도면	시방서	자재내역
<연동비닐하우스>				<철재인삼재배시설>			
07-연동-1	36-52	53-59	60-63	07-철인-A	551	558	550
08-연동-1	66-78	79-85	86-89	07-철인-A-1	553	558	552
10-연동-1	91-106	107-112	113-115	07-철인-A-2	555	558	554
10-연동-2	117-133	134-139	140-143	07-철인-A-3	557	558	556
12-연동-1	145-162	163-168	169-173	13-철인-W	560	561	559
<단동비닐하우스>				<목재인삼재배시설>			
07-단동-1	175-176	213-216	230	13-목인-A	565	-	564
07-단동-2	177-178	213-216	231	13-목인-A-1	567	574	566
07-단동-3	179-180	213-216	232	13-목인-A-2	569	574	568
07-단동-4	181-182	213-216	233	13-목인-A-3	571	574	570
10-단동-1	183-184	213-216	234	13-목인-A-4	573	574	572
10-단동-2	185-186	213-216	235	13-목인-B	576	-	575
10-단동-3	187-188	213-216	236	13-목인-B-1	578	-	577
10-단동-4	189-190	213-216	237	13-목인-B-2	580	-	579
10-단동-5	191-192	213-216	238	13-목인-B-3	582	-	581
10-단동-6	193-194	217-219	239-240	13-목인-B-4	584	-	583
10-단동-7	195-196	217-219	241-242	13-목인-C	586	-	585
10-단동-8	197-198	217-219	243-244	13-목인-C-1	588	595	587
10-단동-9	199-200	217-219	245-246	13-목인-C-2	590	595	589
10-단동-10	201-202	220-225	247	13-목인-C-3	592	595	591
10-단동-13	207-208	220-225	251	13-목인-C-4	594	595	593
07-단동-18	209-210	213-216	252				
12-단동-1	211-212	226-229	253	<민간개발규격>			
<광폭비닐하우스>				07-단동(민)-4	443-449	460-461	465
10-광폭-1	255-264	275-282	283-284	08-단동(민)-1	495-499	505-506	507-511
10-광폭-2	265-274	275-282	285-286	07-연동(민)-1	450-459	460-461	467-468
13-광폭-1	288-295	339-347	348-349	08-연동(민)-1	500-504	505-506	507-511
13-광폭-2	296-303	339-347	350-351	10-광폭(민)-1	470-474	485-487	488-489
13-광폭-3	304-311	339-347	352-353	10-광폭(민)-2	475-479	485-487	490-491
<과수비닐하우스>				10-광폭(민)-3	480-484	485-487	492-493
07-포도-1	361-371	382-389	398-400				
10-포도-1	372-381	390-397	401-403				
08-감귤-1	405-417	418-425	426-428				
<간이버섯재배사>							
08-버섯-1	513-521	532-541	542-545				
08-버섯-2	522-531	532-541	542-545				

○ 영덕군 (적설심 34cm, 풍속 34m/s)

규격명	설계도·시방서 쪽 번호			규격명	설계도·시방서 쪽 번호		
	설계도면	시방서	자재내역		설계도면	시방서	자재내역
<연동비닐하우스>				<철재인삼재배시설>			
07-연동-1	36-52	53-59	60-63	07-철인-A	551	558	550
08-연동-1	66-78	79-85	86-89	07-철인-A-1	553	558	552
10-연동-1	91-106	107-112	113-115				
10-연동-2	117-133	134-139	140-143	<목재인삼재배시설>			
12-연동-1	145-162	163-168	169-173	13-목인-A	565	-	564
				13-목인-A-1	567	574	566
<단동비닐하우스>				13-목인-B	576	-	575
07-단동-1	175-176	213-216	230	13-목인-B-1	578	-	577
07-단동-2	177-178	213-216	231	13-목인-B-2	580	-	579
07-단동-3	179-180	213-216	232	13-목인-B-3	582	-	581
07-단동-4	181-182	213-216	233	13-목인-C	586	-	585
10-단동-2	185-186	213-216	235	13-목인-C-1	588	595	587
10-단동-4	189-190	213-216	236				
07-단동-18	209-210	213-216	252	<민간개발규격>			
12-단동-1	211-212	226-229	253	07-단동(민)-4	443-449	460-461	465
				08-단동(민)-1	495-499	505-506	507-511
<광폭비닐하우스>				07-연동(민)-1	450-459	460-461	467-468
10-광폭-2	265-274	275-282	285-286	10-광폭(민)-1	470-474	485-487	488-489
				10-광폭(민)-2	475-479	485-487	490-491
<과수비닐하우스>				10-광폭(민)-3	480-484	485-487	492-493
07-포도-1	361-371	382-389	398-400				
10-포도-1	372-381	390-397	401-403				
08-감귤-1	405-417	418-425	426-428				
<간이버섯재배사>							
08-버섯-1	513-521	532-541	542-545				
08-버섯-2	522-531	532-541	542-545				

○ 영양군 (적설심 24cm, 풍속 30m/s)

규격명	설계도·시방서 쪽 번호			규격명	설계도·시방서 쪽 번호		
	설계도면	시방서	자재내역		설계도면	시방서	자재내역
<연동비닐하우스>				<철재인삼재배시설>			
07-연동-1	36-52	53-59	60-63	07-철인-A	551	558	550
08-연동-1	66-78	79-85	86-89	07-철인-A-1	553	558	552
10-연동-1	91-106	107-112	113-115	07-철인-A-2	555	558	554
10-연동-2	117-133	134-139	140-143	07-철인-A-3	557	558	556
12-연동-1	145-162	163-168	169-173	13-철인-W	560	561	559
<단동비닐하우스>				<목재인삼재배시설>			
07-단동-1	175-176	213-216	230	13-목인-A	565	-	564
07-단동-2	177-178	213-216	231	13-목인-A-1	567	574	566
07-단동-3	179-180	213-216	232	13-목인-A-2	569	574	568
07-단동-4	181-182	213-216	233	13-목인-A-3	571	574	570
10-단동-1	183-184	213-216	234	13-목인-A-4	573	574	572
10-단동-2	185-186	213-216	235	13-목인-B	576	-	575
10-단동-3	187-188	213-216	236	13-목인-B-1	578	-	577
10-단동-4	189-190	213-216	237	13-목인-B-2	580	-	579
10-단동-5	191-192	213-216	238	13-목인-B-3	582	-	581
10-단동-6	193-194	217-219	239-240	13-목인-B-4	584	-	583
10-단동-7	195-196	217-219	241-242	13-목인-C	586	-	585
10-단동-8	197-198	217-219	243-244	13-목인-C-1	588	595	587
10-단동-9	199-200	217-219	245-246	13-목인-C-2	590	595	589
07-단동-18	209-210	213-216	252	13-목인-C-3	592	595	591
12-단동-1	211-212	226-229	253				
				<민간개발규격>			
<광폭비닐하우스>				07-단동(민)-4	443-449	460-461	465
10-광폭-1	255-264	275-282	283-284	08-단동(민)-1	495-499	505-506	507-511
10-광폭-2	265-274	275-282	285-286	07-연동(민)-1	450-459	460-461	467-468
				08-연동(민)-1	500-504	505-506	507-511
<과수비닐하우스>				10-광폭(민)-1	470-474	485-487	488-489
07-포도-1	361-371	382-389	398-400	10-광폭(민)-2	475-479	485-487	490-491
10-포도-1	372-381	390-397	401-403	10-광폭(민)-3	480-484	485-487	492-493
08-감귤-1	405-417	418-425	426-428				
<간이버섯재배사>							
08-버섯-1	513-521	532-541	542-545				
08-버섯-2	522-531	532-541	542-545				

○ 영주시 (적설심 28cm, 풍속 32m/s)

규격명	설계도·시방서 쪽 번호			규격명	설계도·시방서 쪽 번호		
	설계도면	시방서	자재내역		설계도면	시방서	자재내역
<연동비닐하우스>				<철재인삼재배시설>			
07-연동-1	36-52	53-59	60-63	07-철인-A	551	558	550
08-연동-1	66-78	79-85	86-89	07-철인-A-1	553	558	552
10-연동-1	91-106	107-112	113-115				
10-연동-2	117-133	134-139	140-143	<목재인삼재배시설>			
12-연동-1	145-162	163-168	169-173	13-목인-A	565	-	564
				13-목인-A-1	567	574	566
<단동비닐하우스>				13-목인-A-2	569	574	568
07-단동-1	175-176	213-216	230	13-목인-A-3	571	574	570
07-단동-2	177-178	213-216	231	13-목인-B	576	-	575
07-단동-3	179-180	213-216	232	13-목인-B-1	578	-	577
07-단동-4	181-182	213-216	233	13-목인-B-2	580	-	579
10-단동-1	183-184	213-216	234	13-목인-B-3	582	-	581
10-단동-2	185-186	213-216	235	13-목인-B-4	584	-	583
10-단동-3	187-188	213-216	236	13-목인-C	586	-	585
10-단동-4	189-190	213-216	237	13-목인-C-1	588	595	587
10-단동-5	191-192	213-216	238				
10-단동-6	193-194	217-219	239-240	<민간개발규격>			
07-단동-18	209-210	213-216	252	07-단동(민)-4	443-449	460-461	465
12-단동-1	211-212	226-229	253	08-단동(민)-1	495-499	505-506	507-511
				07-연동(민)-1	450-459	460-461	467-468
<광폭비닐하우스>				08-연동(민)-1	500-504	505-506	507-511
10-광폭-1	255-264	275-282	283-284	10-광폭(민)-1	470-474	485-487	488-489
10-광폭-2	265-274	275-282	285-286	10-광폭(민)-2	475-479	485-487	490-491
				10-광폭(민)-3	480-484	485-487	492-493
<과수비닐하우스>							
07-포도-1	361-371	382-389	398-400				
10-포도-1	372-381	390-397	401-403				
08-감귤-1	405-417	418-425	426-428				
<간이버섯재배사>							
08-버섯-1	513-521	532-541	542-545				
08-버섯-2	522-531	532-541	542-545				

○ 영천시 (적설심 20cm, 풍속 30m/s)

규격명	설계도·시방서 쪽 번호			규격명	설계도·시방서 쪽 번호		
	설계도면	시방서	자재내역		설계도면	시방서	자재내역
<연동비닐하우스>				<철재인삼재배시설>			
07-연동-1	36-52	53-59	60-63	07-철인-A	551	558	550
08-연동-1	66-78	79-85	86-89	07-철인-A-1	553	558	552
10-연동-1	91-106	107-112	113-115	07-철인-A-2	555	558	554
10-연동-2	117-133	134-139	140-143	07-철인-A-3	557	558	556
12-연동-1	145-162	163-168	169-173	13-철인-W	560	561	559
<단동비닐하우스>				<목재인삼재배시설>			
07-단동-1	175-176	213-216	230	13-목인-A	565	-	564
07-단동-2	177-178	213-216	231	13-목인-A-1	567	574	566
07-단동-3	179-180	213-216	232	13-목인-A-2	569	574	568
07-단동-4	181-182	213-216	233	13-목인-A-3	571	574	570
10-단동-1	183-184	213-216	234	13-목인-A-4	573	574	572
10-단동-2	185-186	213-216	235	13-목인-B	576	-	575
10-단동-3	187-188	213-216	236	13-목인-B-1	578	-	577
10-단동-4	189-190	213-216	237	13-목인-B-2	580	-	579
10-단동-5	191-192	213-216	238	13-목인-B-3	582	-	581
10-단동-6	193-194	217-219	239-240	13-목인-B-4	584	-	583
10-단동-7	195-196	217-219	241-242	13-목인-C	586	-	585
10-단동-8	197-198	217-219	243-244	13-목인-C-1	588	595	587
10-단동-9	199-200	217-219	245-246	13-목인-C-2	590	595	589
07-단동-18	209-210	213-216	252	13-목인-C-3	592	595	591
12-단동-1	211-212	226-229	253	13-목인-C-4	594	595	593
<광폭비닐하우스>				<민간개발규격>			
10-광폭-1	255-264	275-282	283-284				
10-광폭-2	265-274	275-282	285-286	07-단동(민)-4	443-449	460-461	465
				08-단동(민)-1	495-499	505-506	507-511
<과수비닐하우스>				07-연동(민)-1	450-459	460-461	467-468
07-포도-1	361-371	382-389	398-400	08-연동(민)-1	500-504	505-506	507-511
10-포도-1	372-381	390-397	401-403	10-광폭(민)-1	470-474	485-487	488-489
08-감귤-1	405-417	418-425	426-428	10-광폭(민)-2	475-479	485-487	490-491
				10-광폭(민)-3	480-484	485-487	492-493
<간이버섯재배사>							
08-버섯-1	513-521	532-541	542-545				
08-버섯-2	522-531	532-541	542-545				

○ 예천군 (적설심 26cm, 풍속 30m/s)

규격명	설계도·시방서 쪽 번호			규격명	설계도·시방서 쪽 번호		
	설계도면	시방서	자재내역		설계도면	시방서	자재내역
<연동비닐하우스>				<철재인삼재배시설>			
07-연동-1	36-52	53-59	60-63	07-철인-A	551	558	550
08-연동-1	66-78	79-85	86-89	07-철인-A-1	553	558	552
10-연동-1	91-106	107-112	113-115	07-철인-A-2	555	558	554
10-연동-2	117-133	134-139	140-143	07-철인-A-3	557	558	556
12-연동-1	145-162	163-168	169-173	13-철인-W	560	561	559
<단동비닐하우스>				<목재인삼재배시설>			
07-단동-1	175-176	213-216	230	13-목인-A	565	-	564
07-단동-2	177-178	213-216	231	13-목인-A-1	567	574	566
07-단동-3	179-180	213-216	232	13-목인-A-2	569	574	568
07-단동-4	181-182	213-216	233	13-목인-A-3	571	574	570
10-단동-1	183-184	213-216	234	13-목인-A-4	573	574	572
10-단동-2	185-186	213-216	235	13-목인-B	576	-	575
10-단동-3	187-188	213-216	236	13-목인-B-1	578	-	577
10-단동-4	189-190	213-216	237	13-목인-B-2	580	-	579
10-단동-5	191-192	213-216	238	13-목인-B-3	582	-	581
10-단동-6	193-194	217-219	239-240	13-목인-B-4	584	-	583
10-단동-7	195-196	217-219	241-242	13-목인-C	586	-	585
10-단동-9	199-200	217-219	245-246	13-목인-C-1	588	595	587
07-단동-18	209-210	213-216	252	13-목인-C-2	590	595	589
12-단동-1	211-212	226-229	253				
<광폭비닐하우스>				<민간개발규격>			
10-광폭-1	255-264	275-282	283-284	07-단동(민)-4	443-449	460-461	465
10-광폭-2	265-274	275-282	285-286	08-단동(민)-1	495-499	505-506	507-511
13-광폭-1	288-295	339-347	348-349	07-연동(민)-1	450-459	460-461	467-468
<과수비닐하우스>				08-연동(민)-1	500-504	505-506	507-511
07-포도-1	361-371	382-389	398-400	10-광폭(민)-1	470-474	485-487	488-489
10-포도-1	372-381	390-397	401-403	10-광폭(민)-2	475-479	485-487	490-491
08-감귤-1	405-417	418-425	426-428	10-광폭(민)-3	480-484	485-487	492-493
<간이버섯재배사>							
08-버섯-1	513-521	532-541	542-545				
08-버섯-2	522-531	532-541	542-545				

○ 울릉군 (적설심 40cm, 풍속 40m/s)

규격명	설계도 · 시방서 쪽 번호			규격명	설계도 · 시방서 쪽 번호		
	설계도면	시방서	자재내역		설계도면	시방서	자재내역
<연동비닐하우스>				<철재인삼재배시설>			
07-연동-1	36-52	53-59	60-63	07-철인-A	551	558	550
10-연동-1	91-106	107-112	113-115	07-철인-A-1	553	558	552
10-연동-2	117-133	134-139	140-143				
12-연동-1	145-162	163-168	169-173	<목재인삼재배시설>			
				13-목인-A	565	-	564
<단동비닐하우스>				13-목인-A-1	567	574	566
07-단동-18	209-210	213-216	252	13-목인-B	576	-	575
12-단동-1	211-212	226-229	253	13-목인-B-1	578	-	577
				13-목인-C	586	-	585
<과수비닐하우스>							
08-감귤-1	405-417	418-425	426-428				
				<민간개발규격>			
<간이버섯재배사>				10-광폭(민)-1	470-474	485-487	488-489
08-버섯-1	513-521	532-541	542-545				
08-버섯-2	522-531	532-541	542-545				

○ 울진군 (적설심 38cm, 풍속 40m/s)

규격명	설계도 · 시방서 쪽 번호			규격명	설계도 · 시방서 쪽 번호		
	설계도면	시방서	자재내역		설계도면	시방서	자재내역
<연동비닐하우스>				<철재인삼재배시설>			
07-연동-1	36-52	53-59	60-63	07-철인-A	551	558	550
10-연동-1	91-106	107-112	113-115	07-철인-A-1	553	558	552
10-연동-2	117-133	134-139	140-143				
12-연동-1	145-162	163-168	169-173	<목재인삼재배시설>			
				13-목인-A	565	-	564
<단동비닐하우스>				13-목인-A-1	567	574	566
07-단동-18	209-210	213-216	252	13-목인-B	576	-	575
12-단동-1	211-212	226-229	253	13-목인-B-1	578	-	577
				13-목인-B-2	580	-	579
<과수비닐하우스>				13-목인-C	586	-	585
08-감귤-1	405-417	418-425	426-428				
				<민간개발규격>			
<간이버섯재배사>				10-광폭(민)-1	470-474	485-487	488-489
08-버섯-1	513-521	532-541	542-545				
08-버섯-2	522-531	532-541	542-545				

○ 의성군 (적설심 20cm, 풍속 26m/s)

규격명	설계도·시방서 쪽 번호			규격명	설계도·시방서 쪽 번호		
	설계도면	시방서	자재내역		설계도면	시방서	자재내역
<연동비닐하우스>				<철재인삼재배시설>			
07-연동-1	36-52	53-59	60-63	07-철인-A	551	558	550
08-연동-1	66-78	79-85	86-89	07-철인-A-1	553	558	552
10-연동-1	91-106	107-112	113-115	07-철인-A-2	555	558	554
10-연동-2	117-133	134-139	140-143	07-철인-A-3	557	558	556
12-연동-1	145-162	163-168	169-173	13-철인-W	560	561	559
<단동비닐하우스>							
07-단동-1	175-176	213-216	230	<목재인삼재배시설>			
07-단동-2	177-178	213-216	231	13-목인-A	565	-	564
07-단동-3	179-180	213-216	232	13-목인-A-1	567	574	566
07-단동-4	181-182	213-216	233	13-목인-A-2	569	574	568
10-단동-1	183-184	213-216	234	13-목인-A-3	571	574	570
10-단동-2	185-186	213-216	235	13-목인-A-4	573	574	572
10-단동-3	187-188	213-216	236	13-목인-B	576	-	575
10-단동-4	189-190	213-216	237	13-목인-B-1	578	-	577
10-단동-5	191-192	213-216	238	13-목인-B-2	580	-	579
10-단동-6	193-194	217-219	239-240	13-목인-B-3	582	-	581
10-단동-7	195-196	217-219	241-242	13-목인-B-4	584	-	583
10-단동-8	197-198	217-219	243-244	13-목인-C	586	-	585
10-단동-9	199-200	217-219	245-246	13-목인-C-1	588	595	587
10-단동-10	201-202	220-225	247	13-목인-C-2	590	595	589
10-단동-11	203-204	220-225	248-249	13-목인-C-3	592	595	591
10-단동-12	205-206	220-225	250	13-목인-C-4	594	595	593
10-단동-13	207-208	220-225	251				
07-단동-18	209-210	213-216	252	<민간개발규격>			
12-단동-1	211-212	226-229	253	07-단동(민)-4	443-449	460-461	465
<광폭비닐하우스>				08-단동(민)-1	495-499	505-506	507-511
10-광폭-1	255-264	275-282	283-284	07-연동(민)-1	450-459	460-461	467-468
10-광폭-2	265-274	275-282	285-286	08-연동(민)-1	500-504	505-506	507-511
13-광폭-1	288-295	339-347	348-349	10-광폭(민)-1	470-474	485-487	488-489
13-광폭-2	296-303	339-347	350-351	10-광폭(민)-2	475-479	485-487	490-491
13-광폭-3	304-311	339-347	352-353	10-광폭(민)-3	480-484	485-487	492-493
13-광폭-4	312-319	339-347	354-355				
13-광폭-5	320-327	339-347	356-357				
13-광폭-6	328-338	339-347	358-359				
<과수비닐하우스>							
07-포도-1	361-371	382-389	398-400				
10-포도-1	372-381	390-397	401-403				
08-감귤-1	405-417	418-425	426-428				
<간이버섯재배사>							
08-버섯-1	513-521	532-541	542-545				
08-버섯-2	522-531	532-541	542-545				

○ 청도군 (적설심 20cm, 풍속 30m/s)

규격명	설계도·시방서 쪽 번호			규격명	설계도·시방서 쪽 번호		
	설계도면	시방서	자재내역		설계도면	시방서	자재내역
<연동비닐하우스>				<철재인삼재배시설>			
07-연동-1	36-52	53-59	60-63	07-철인-A	551	558	550
08-연동-1	66-78	79-85	86-89	07-철인-A-1	553	558	552
10-연동-1	91-106	107-112	113-115	07-철인-A-2	555	558	554
10-연동-2	117-133	134-139	140-143	07-철인-A-3	557	558	556
12-연동-1	145-162	163-168	169-173	13-철인-W	560	561	559
<단동비닐하우스>				<목재인삼재배시설>			
07-단동-1	175-176	213-216	230	13-목인-A	565	-	564
07-단동-2	177-178	213-216	231	13-목인-A-1	567	574	566
07-단동-3	179-180	213-216	232	13-목인-A-2	569	574	568
07-단동-4	181-182	213-216	233	13-목인-A-3	571	574	570
10-단동-1	183-184	213-216	234	13-목인-A-4	573	574	572
10-단동-2	185-186	213-216	235	13-목인-B	576	-	575
10-단동-3	187-188	213-216	236	13-목인-B-1	578	-	577
10-단동-4	189-190	213-216	237	13-목인-B-2	580	-	579
10-단동-5	191-192	213-216	238	13-목인-B-3	582	-	581
10-단동-6	193-194	217-219	239-240	13-목인-B-4	584	-	583
10-단동-7	195-196	217-219	241-242	13-목인-C	586	-	585
10-단동-8	197-198	217-219	243-244	13-목인-C-1	588	595	587
10-단동-9	199-200	217-219	245-246	13-목인-C-2	590	595	589
07-단동-18	209-210	213-216	252	13-목인-C-3	592	595	591
12-단동-1	211-212	226-229	253	13-목인-C-4	594	595	593
<광폭비닐하우스>				<민간개발규격>			
10-광폭-1	255-264	275-282	283-284				
10-광폭-2	265-274	275-282	285-286	07-단동(민)-4	443-449	460-461	465
13-광폭-1	288-295	339-347	348-349	08-단동(민)-1	495-499	505-506	507-511
				07-연동(민)-1	450-459	460-461	467-468
<과수비닐하우스>				08-연동(민)-1	500-504	505-506	507-511
07-포도-1	361-371	382-389	398-400	10-광폭(민)-1	470-474	485-487	488-489
10-포도-1	372-381	390-397	401-403	10-광폭(민)-2	475-479	485-487	490-491
08-감귤-1	405-417	418-425	426-428	10-광폭(민)-3	480-484	485-487	492-493
<간이버섯재배사>							
08-버섯-1	513-521	532-541	542-545				
08-버섯-2	522-531	532-541	542-545				

○ 청송군 (적설심 22cm, 풍속 30m/s)

규격명	설계도·시방서 쪽 번호			규격명	설계도·시방서 쪽 번호		
	설계도면	시방서	자재내역		설계도면	시방서	자재내역
<연동비닐하우스>				<철재인삼재배시설>			
07-연동-1	36-52	53-59	60-63	07-철인-A	551	558	550
08-연동-1	66-78	79-85	86-89	07-철인-A-1	553	558	552
10-연동-1	91-106	107-112	113-115	07-철인-A-2	555	558	554
10-연동-2	117-133	134-139	140-143	07-철인-A-3	557	558	556
12-연동-1	145-162	163-168	169-173	13-철인-W	560	561	559
<단동비닐하우스>				<목재인삼재배시설>			
07-단동-1	175-176	213-216	230	13-목인-A	565	-	564
07-단동-2	177-178	213-216	231	13-목인-A-1	567	574	566
07-단동-3	179-180	213-216	232	13-목인-A-2	569	574	568
07-단동-4	181-182	213-216	233	13-목인-A-3	571	574	570
10-단동-1	183-184	213-216	234	13-목인-A-4	573	574	572
10-단동-2	185-186	213-216	235	13-목인-B	576	-	575
10-단동-3	187-188	213-216	236	13-목인-B-1	578	-	577
10-단동-4	189-190	213-216	237	13-목인-B-2	580	-	579
10-단동-5	191-192	213-216	238	13-목인-B-3	582	-	581
10-단동-6	193-194	217-219	239-240	13-목인-B-4	584	-	583
10-단동-7	195-196	217-219	241-242	13-목인-C	586	-	585
10-단동-8	197-198	217-219	243-244	13-목인-C-1	588	595	587
10-단동-9	199-200	217-219	245-246	13-목인-C-2	590	595	589
07-단동-18	209-210	213-216	252	13-목인-C-3	592	595	591
12-단동-1	211-212	226-229	253	13-목인-C-4	594	595	593
<광폭비닐하우스>				<민간개발규격>			
10-광폭-1	255-264	275-282	283-284	07-단동(민)-4	443-449	460-461	465
10-광폭-2	265-274	275-282	285-286	08-단동(민)-1	495-499	505-506	507-511
				07-연동(민)-1	450-459	460-461	467-468
<과수비닐하우스>				08-연동(민)-1	500-504	505-506	507-511
07-포도-1	361-371	382-389	398-400	10-광폭(민)-1	470-474	485-487	488-489
10-포도-1	372-381	390-397	401-403	10-광폭(민)-2	475-479	485-487	490-491
08-감귤-1	405-417	418-425	426-428	10-광폭(민)-3	480-484	485-487	492-493
<간이버섯재배사>							
08-버섯-1	513-521	532-541	542-545				
08-버섯-2	522-531	532-541	542-545				

○ **칠곡군** (적설심 22cm, 풍속 30m/s)

규격명	설계도·시방서 쪽 번호			규격명	설계도·시방서 쪽 번호		
	설계도면	시방서	자재내역		설계도면	시방서	자재내역
<연동비닐하우스>				<철재인삼재배시설>			
07-연동-1	36-52	53-59	60-63	07-철인-A	551	558	550
08-연동-1	66-78	79-85	86-89	07-철인-A-1	553	558	552
10-연동-1	91-106	107-112	113-115	07-철인-A-2	555	558	554
10-연동-2	117-133	134-139	140-143	07-철인-A-3	557	558	556
12-연동-1	145-162	163-168	169-173	13-철인-W	560	561	559
<단동비닐하우스>				<목재인삼재배시설>			
07-단동-1	175-176	213-216	230	13-목인-A	565	-	564
07-단동-2	177-178	213-216	231	13-목인-A-1	567	574	566
07-단동-3	179-180	213-216	232	13-목인-A-2	569	574	568
07-단동-4	181-182	213-216	233	13-목인-A-3	571	574	570
10-단동-1	183-184	213-216	234	13-목인-A-4	573	574	572
10-단동-2	185-186	213-216	235	13-목인-B	576	-	575
10-단동-3	187-188	213-216	236	13-목인-B-1	578	-	577
10-단동-4	189-190	213-216	237	13-목인-B-2	580	-	579
10-단동-5	191-192	213-216	238	13-목인-B-3	582	-	581
10-단동-6	193-194	217-219	239-240	13-목인-B-4	584	-	583
10-단동-7	195-196	217-219	241-242	13-목인-C	586	-	585
10-단동-8	197-198	217-219	243-244	13-목인-C-1	588	595	587
10-단동-9	199-200	217-219	245-246	13-목인-C-2	590	595	589
07-단동-18	209-210	213-216	252	13-목인-C-3	592	595	591
12-단동-1	211-212	226-229	253	13-목인-C-4	594	595	593
<광폭비닐하우스>				<민간개발규격>			
10-광폭-1	255-264	275-282	283-284	07-단동(민)-4	443-449	460-461	465
10-광폭-2	265-274	275-282	285-286	08-단동(민)-1	495-499	505-506	507-511
				07-연동(민)-1	450-459	460-461	467-468
<과수비닐하우스>				08-연동(민)-1	500-504	505-506	507-511
07-포도-1	361-371	382-389	398-400	10-광폭(민)-1	470-474	485-487	488-489
10-포도-1	372-381	390-397	401-403	10-광폭(민)-2	475-479	485-487	490-491
08-감귤-1	405-417	418-425	426-428	10-광폭(민)-3	480-484	485-487	492-493
<간이버섯재배사>							
08-버섯-1	513-521	532-541	542-545				
08-버섯-2	522-531	532-541	542-545				

◯ 포항시 (적설심 20cm, 풍속 34m/s)

규격명	설계도 · 시방서 쪽 번호			규격명	설계도 · 시방서 쪽 번호		
	설계도면	시방서	자재내역		설계도면	시방서	자재내역
<연동비닐하우스>				<철재인삼재배시설>			
07-연동-1	36-52	53-59	60-63	07-철인-A	551	558	550
08-연동-1	66-78	79-85	86-89	07-철인-A-1	553	558	552
10-연동-1	91-106	107-112	113-115	07-철인-A-2	555	558	554
10-연동-2	117-133	134-139	140-143	07-철인-A-3	557	558	556
12-연동-1	145-162	163-168	169-173	13-철인-W	560	561	559
<단동비닐하우스>				<목재인삼재배시설>			
07-단동-1	175-176	213-216	230	13-목인-A	565	-	564
07-단동-2	177-178	213-216	231	13-목인-A-1	567	574	566
07-단동-3	179-180	213-216	232	13-목인-A-2	569	574	568
07-단동-4	181-182	213-216	233	13-목인-A-3	571	574	570
10-단동-2	185-186	213-216	232	13-목인-A-4	573	574	572
10-단동-4	189-190	213-216	375	13-목인-B	576	-	575
10-단동-6	193-194	217-219	239-240	13-목인-B-1	578	-	577
10-단동-7	195-196	217-219	241-242	13-목인-B-2	580	-	579
10-단동-9	199-200	217-219	245-246	13-목인-B-3	582	-	581
07-단동-18	209-210	213-216	252	13-목인-B-4	584	-	583
12-단동-1	211-212	226-229	253	13-목인-C	586	-	585
				13-목인-C-1	588	595	587
<광폭비닐하우스>				13-목인-C-2	590	595	589
10-광폭-1	255-264	275-282	283-284	13-목인-C-3	592	595	591
10-광폭-2	265-274	275-282	285-286	13-목인-C-4	594	595	593
<과수비닐하우스>				<민간개발규격>			
07-포도-1	361-371	382-389	398-400	07-단동(민)-4	443-449	460-461	465
10-포도-1	372-381	390-397	401-403	08-단동(민)-1	495-499	505-506	507-511
08-감귤-1	405-417	418-425	426-428	07-연동(민)-1	450-459	460-461	467-468
				10-광폭(민)-1	470-474	485-487	488-489
<간이버섯재배사>				10-광폭(민)-2	475-479	485-487	490-491
08-버섯-1	513-521	532-541	542-545	10-광폭(민)-3	480-484	485-487	492-493
08-버섯-2	522-531	532-541	542-545				

○ 추풍령(경북 김천/ 충북 영동) (적설심 32cm, 풍속 32m/s)

규격명	설계도·시방서 쪽 번호			규격명	설계도·시방서 쪽 번호		
	설계도면	시방서	자재내역		설계도면	시방서	자재내역
<연동비닐하우스>				<철재인삼재배시설>			
07-연동-1	36-52	53-59	60-63	07-철인-A	551	558	550
08-연동-1	66-78	79-85	86-89	07-철인-A-1	553	558	552
10-연동-1	91-106	107-112	113-115				
10-연동-2	117-133	134-139	140-143	<목재인삼재배시설>			
12-연동-1	145-162	163-168	169-173	13-목인-A	565	-	564
				13-목인-A-1	567	574	566
<단동비닐하우스>				13-목인-A-2	569	574	568
07-단동-1	175-176	213-216	230	13-목인-B	576	-	575
07-단동-2	177-178	213-216	231	13-목인-B-1	578	-	577
07-단동-3	179-180	213-216	232	13-목인-B-2	580	-	579
07-단동-4	181-182	213-216	233	13-목인-B-3	582	-	581
10-단동-1	183-184	213-216	234	13-목인-B-4	584	-	583
10-단동-2	185-186	213-216	235	13-목인-C	586	-	585
10-단동-3	187-188	213-216	236	13-목인-C-1	588	595	587
10-단동-4	189-190	213-216	237				
07-단동-18	209-210	213-216	252	<민간개발규격>			
12-단동-1	211-212	226-229	253	07-단동(민)-4	443-449	460-461	465
				08-단동(민)-1	495-499	505-506	507-511
<광폭비닐하우스>				07-연동(민)-1	450-459	460-461	467-468
10-광폭-1	255-264	275-282	283-284	08-연동(민)-1	500-504	505-506	507-511
10-광폭-2	265-274	275-282	285-286	10-광폭(민)-1	470-474	485-487	488-489
				10-광폭(민)-2	475-479	485-487	490-491
<과수비닐하우스>				10-광폭(민)-3	480-484	485-487	492-493
07-포도-1	361-371	382-389	398-400				
10-포도-1	372-381	390-397	401-403				
08-감귤-1	405-417	418-425	426-428				
<간이버섯재배사>							
08-버섯-1	513-521	532-541	542-545				
08-버섯-2	522-531	532-541	542-545				

6. 전라남도

○ 강진군 (적설심 22cm, 풍속 34m/s)

규격명	설계도 · 시방서 쪽 번호			규격명	설계도 · 시방서 쪽 번호		
	설계도면	시방서	자재내역		설계도면	시방서	자재내역
<연동비닐하우스>				<철재인삼재배시설>			
07-연동-1	36-52	53-59	60-63	07-철인-A	551	558	550
08-연동-1	66-78	79-85	86-89	07-철인-A-1	553	558	552
10-연동-1	91-106	107-112	113-115	07-철인-A-2	555	558	554
10-연동-2	117-133	134-139	140-143	07-철인-A-3	557	558	556
12-연동-1	145-162	163-168	169-173	13-철인-W	560	561	559
				<목재인삼재배시설>			
<단동비닐하우스>				13-목인-A	565	-	564
07-단동-1	175-176	213-216	230	13-목인-A-1	567	574	566
07-단동-2	177-178	213-216	231	13-목인-A-2	569	574	568
07-단동-3	179-180	213-216	232	13-목인-A-3	571	574	570
07-단동-4	181-182	213-216	233	13-목인-A-4	573	574	572
10-단동-2	185-186	213-216	235	13-목인-B	576	-	575
10-단동-3	187-188	213-216	236	13-목인-B-1	578	-	577
10-단동-4	189-190	213-216	237	13-목인-B-2	580	-	579
10-단동-6	193-194	217-219	239-240	13-목인-B-3	582	-	581
10-단동-7	195-196	217-219	241-242	13-목인-B-4	584	-	583
10-단동-9	199-200	217-219	245-246	13-목인-C	586	-	585
07-단동-18	209-210	213-216	252	13-목인-C-1	588	595	587
12-단동-1	211-212	226-229	253	13-목인-C-2	590	595	589
				13-목인-C-3	592	595	591
				13-목인-C-4	594	595	593
<광폭비닐하우스>							
10-광폭-1	255-264	275-282	283-284	<민간개발규격>			
10-광폭-2	265-274	275-282	285-286	07-단동(민)-4	443-449	460-461	465
				08-단동(민)-1	495-499	505-506	507-511
<과수비닐하우스>				07-연동(민)-1	450-459	460-461	467-468
07-포도-1	361-371	382-389	398-400	10-광폭(민)-1	470-474	485-487	488-489
10-포도-1	372-381	390-397	401-403	10-광폭(민)-2	475-479	485-487	490-491
08-감귤-1	405-417	418-425	426-428	10-광폭(민)-3	480-484	485-487	492-493
<간이버섯재배사>							
08-버섯-1	513-521	532-541	542-545				
08-버섯-2	522-531	532-541	542-545				

○ 고흥군 (적설심 20cm, 풍속 32m/s)

규격명	설계도·시방서 쪽 번호			규격명	설계도·시방서 쪽 번호		
	설계도면	시방서	자재내역		설계도면	시방서	자재내역
<연동비닐하우스>				<철재인삼재배시설>			
07-연동-1	36-52	53-59	60-63	07-철인-A	551	558	550
08-연동-1	66-78	79-85	86-89	07-철인-A-1	553	558	552
10-연동-1	91-106	107-112	113-115	07-철인-A-2	555	558	554
10-연동-2	117-133	134-139	140-143	07-철인-A-3	557	558	556
12-연동-1	145-162	163-168	169-173	13-철인-W	560	561	559
<단동비닐하우스>				<목재인삼재배시설>			
07-단동-1	175-176	213-216	230	13-목인-A	565	-	564
07-단동-2	177-178	213-216	231	13-목인-A-1	567	574	566
07-단동-3	179-180	213-216	232	13-목인-A-2	569	574	568
07-단동-4	181-182	213-216	233	13-목인-A-3	571	574	570
10-단동-1	183-184	213-216	234	13-목인-A-4	573	574	572
10-단동-2	185-186	213-216	235	13-목인-B	576	-	575
10-단동-3	187-188	213-216	236	13-목인-B-1	578	-	577
10-단동-4	189-190	213-216	237	13-목인-B-2	580	-	579
10-단동-5	191-192	213-216	238	13-목인-B-3	582	-	581
10-단동-6	193-194	217-219	239-240	13-목인-B-4	584	-	583
10-단동-7	195-196	217-219	241-242	13-목인-C	586	-	585
10-단동-8	197-198	217-219	243-244	13-목인-C-1	588	595	587
10-단동-9	199-200	217-219	245-246	13-목인-C-2	590	595	589
07-단동-18	209-210	213-216	252	13-목인-C-3	592	595	591
12-단동-1	211-212	226-229	253	13-목인-C-4	594	595	593
<광폭비닐하우스>				<민간개발규격>			
10-광폭-1	255-264	275-282	283-284	07-단동(민)-4	443-449	460-461	465
10-광폭-2	265-274	275-282	285-286	08-단동(민)-1	495-499	505-506	507-511
				07-연동(민)-1	450-459	460-461	467-468
<과수비닐하우스>				08-연동(민)-1	500-504	505-506	507-511
07-포도-1	361-371	382-389	398-400	10-광폭(민)-1	470-474	485-487	488-489
10-포도-1	372-381	390-397	401-403	10-광폭(민)-2	475-479	485-487	490-491
08-감귤-1	405-417	418-425	426-428	10-광폭(민)-3	480-484	485-487	492-493
<간이버섯재배사>							
08-버섯-1	513-521	532-541	542-545				
08-버섯-2	522-531	532-541	542-545				

○ 곡성군 (적설심 28cm, 풍속 26m/s)

규격명	설계도·시방서 쪽 번호			규격명	설계도·시방서 쪽 번호		
	설계도면	시방서	자재내역		설계도면	시방서	자재내역
<연동비닐하우스>				<철재인삼재배시설>			
07-연동-1	36-52	53-59	60-63	07-철인-A	551	558	550
08-연동-1	66-78	79-85	86-89	07-철인-A-1	553	558	552
10-연동-1	91-106	107-112	113-115				
10-연동-2	117-133	134-139	140-143	<목재인삼재배시설>			
12-연동-1	145-162	163-168	169-173	13-목인-A	565	-	564
<단동비닐하우스>				13-목인-A-1	567	574	566
07-단동-1	175-176	213-216	230	13-목인-A-2	569	574	568
07-단동-2	177-178	213-216	231	13-목인-A-3	571	574	570
07-단동-3	179-180	213-216	232	13-목인-B	576	-	575
07-단동-4	181-182	213-216	233	13-목인-B-1	578	-	577
10-단동-1	183-184	213-216	234	13-목인-B-2	580	-	579
10-단동-2	185-186	213-216	235	13-목인-B-3	582	-	581
10-단동-3	187-188	213-216	236	13-목인-B-4	584	-	583
10-단동-4	189-190	213-216	237	13-목인-C	586	-	585
10-단동-5	191-192	213-216	238	13-목인-C-1	588	595	587
10-단동-6	193-194	217-219	239-240				
10-단동-10	201-202	220-225	247	<민간개발규격>			
10-단동-11	203-204	220-225	248-249	07-단동(민)-4	443-449	460-461	465
10-단동-13	207-208	220-225	251	08-단동(민)-1	495-499	505-506	507-511
07-단동-18	209-210	213-216	252	07-연동(민)-1	450-459	460-461	467-468
12-단동-1	211-212	226-229	253	08-연동(민)-1	500-504	505-506	507-511
<광폭비닐하우스>				10-광폭(민)-1	470-474	485-487	488-489
10-광폭-1	255-264	275-282	283-284	10-광폭(민)-2	475-479	485-487	490-491
10-광폭-2	265-274	275-282	285-286	10-광폭(민)-3	480-484	485-487	492-493
<과수비닐하우스>							
07-포도-1	361-371	382-389	398-400				
10-포도-1	372-381	390-397	401-403				
08-감귤-1	405-417	418-425	426-428				
<간이버섯재배사>							
08-버섯-1	513-521	532-541	542-545				
08-버섯-2	522-531	532-541	542-545				

○ **광양시** (적설심 20cm, 풍속 34m/s)

규격명	설계도·시방서 쪽 번호			규격명	설계도·시방서 쪽 번호		
	설계도면	시방서	자재내역		설계도면	시방서	자재내역
<연동비닐하우스>				<철재인삼재배시설>			
07-연동-1	36-52	53-59	60-63	07-철인-A	551	558	550
08-연동-1	66-78	79-85	86-89	07-철인-A-1	553	558	552
10-연동-1	91-106	107-112	113-115	07-철인-A-2	555	558	554
10-연동-2	117-133	134-139	140-143	07-철인-A-3	557	558	556
12-연동-1	145-162	163-168	169-173	13-철인-W	560	561	559
<단동비닐하우스>				<목재인삼재배시설>			
07-단동-1	175-176	213-216	230	13-목인-A	565	-	564
07-단동-2	177-178	213-216	231	13-목인-A-1	567	574	566
07-단동-3	179-180	213-216	232	13-목인-A-2	569	574	568
07-단동-4	181-182	213-216	233	13-목인-A-3	571	574	570
10-단동-2	185-186	213-216	235	13-목인-A-4	573	574	572
10-단동-3	187-188	213-216	236	13-목인-B	576	-	575
10-단동-4	189-190	213-216	237	13-목인-B-1	578	-	577
10-단동-6	193-194	213-216	238	13-목인-B-2	580	-	579
10-단동-7	195-196	217-219	241-242	13-목인-B-3	582	-	581
10-단동-9	199-200	217-219	245-246	13-목인-B-4	584	-	583
07-단동-18	209-210	213-216	252	13-목인-C	586	-	585
12-단동-1	211-212	226-229	253	13-목인-C-1	588	595	587
				13-목인-C-2	590	595	589
<광폭비닐하우스>				13-목인-C-3	592	595	591
10-광폭-1	255-264	275-282	283-284	13-목인-C-4	594	595	593
10-광폭-2	265-274	275-282	285-286				
				<민간개발규격>			
<과수비닐하우스>				07-단동(민)-4	443-449	460-461	465
07-포도-1	361-371	382-389	398-400	08-단동(민)-1	495-499	505-506	507-511
10-포도-1	372-381	390-397	401-403	07-연동(민)-1	450-459	460-461	467-468
08-감귤-1	405-417	418-425	426-428	10-광폭(민)-1	470-474	485-487	488-489
				10-광폭(민)-2	475-479	485-487	490-491
<간이버섯재배사>				10-광폭(민)-3	480-484	485-487	492-493
08-버섯-1	513-521	532-541	542-545				
08-버섯-2	522-531	532-541	542-545				

○ 구례군 (적설심 24cm, 풍속 26m/s)

규격명	설계도·시방서 쪽 번호			규격명	설계도·시방서 쪽 번호		
	설계도면	시방서	자재내역		설계도면	시방서	자재내역
<연동비닐하우스>				<철재인삼재배시설>			
07-연동-1	36-52	53-59	60-63	07-철인-A	551	558	550
08-연동-1	66-78	79-85	86-89	07-철인-A-1	553	558	552
10-연동-1	91-106	107-112	113-115	07-철인-A-2	555	558	554
10-연동-2	117-133	134-139	140-143	07-철인-A-3	557	558	556
12-연동-1	145-162	163-168	169-173	13-철인-W	560	561	559
<단동비닐하우스>				<목재인삼재배시설>			
07-단동-1	175-176	213-216	230	13-목인-A	565	-	564
07-단동-2	177-178	213-216	231	13-목인-A-1	567	574	566
07-단동-3	179-180	213-216	232	13-목인-A-2	569	574	568
07-단동-4	181-182	213-216	233	13-목인-A-3	571	574	570
10-단동-1	183-184	213-216	234	13-목인-A-4	573	574	572
10-단동-2	185-186	213-216	235	13-목인-B	576	-	575
10-단동-3	187-188	213-216	236	13-목인-B-1	578	-	577
10-단동-4	189-190	213-216	237	13-목인-B-2	580	-	579
10-단동-5	191-192	213-216	238	13-목인-B-3	582	-	581
10-단동-6	193-194	217-219	239-240	13-목인-B-4	584	-	583
10-단동-7	195-196	217-219	241-242	13-목인-C	586	-	585
10-단동-8	197-198	217-219	243-244	13-목인-C-1	588	595	587
10-단동-9	199-200	217-219	245-246	13-목인-C-2	590	595	589
10-단동-10	201-202	220-225	247	13-목인-C-3	592	595	591
10-단동-11	203-204	220-225	248-249				
10-단동-12	205-206	220-225	250	<민간개발규격>			
10-단동-13	207-208	220-225	251	07-단동(민)-4	443-449	460-461	465
07-단동-18	209-210	213-216	252	08-단동(민)-1	495-499	505-506	507-511
12-단동-1	211-212	226-229	253	07-연동(민)-1	450-459	460-461	467-468
<광폭비닐하우스>				08-연동(민)-1	500-504	505-506	507-511
10-광폭-1	255-264	275-282	283-284	10-광폭(민)-1	470-474	485-487	488-489
10-광폭-2	265-274	275-282	285-286	10-광폭(민)-2	475-479	485-487	490-491
13-광폭-1	288-295	339-347	348-349	10-광폭(민)-3	480-484	485-487	492-493
<과수비닐하우스>							
07-포도-1	361-371	382-389	398-400				
10-포도-1	372-381	390-397	401-403				
08-감귤-1	405-417	418-425	426-428				
<간이버섯재배사>							
08-버섯-1	513-521	532-541	542-545				
08-버섯-2	522-531	532-541	542-545				

○ 나주시 (적설심 34cm, 풍속 34m/s)

규격명	설계도·시방서 쪽 번호			규격명	설계도·시방서 쪽 번호		
	설계도면	시방서	자재내역		설계도면	시방서	자재내역
<연동비닐하우스>				<철재인삼재배시설>			
07-연동-1	36-52	53-59	60-63	07-철인-A	551	558	550
08-연동-1	66-78	79-85	86-89	07-철인-A-1	553	558	552
10-연동-1	91-106	107-112	113-115				
10-연동-2	117-133	134-139	140-143	<목재인삼재배시설>			
12-연동-1	145-162	163-168	169-173	13-목인-A	565	-	564
				13-목인-A-1	567	574	566
<단동비닐하우스>				13-목인-B	576	-	575
07-단동-1	175-176	213-216	230	13-목인-B-1	578	-	577
07-단동-2	177-178	213-216	231	13-목인-B-2	580	-	579
07-단동-3	179-180	213-216	232	13-목인-B-3	582	-	581
07-단동-4	181-182	213-216	233	13-목인-C	586	-	585
10-단동-2	185-186	213-216	235	13-목인-C-1	588	595	587
10-단동-4	189-190	213-216	237				
07-단동-18	209-210	213-216	252	<민간개발규격>			
12-단동-1	211-212	226-229	253	07-단동(민)-4	443-449	460-461	465
				08-단동(민)-1	495-499	505-506	507-511
<광폭비닐하우스>				07-연동(민)-1	450-459	460-461	467-468
10-광폭-2	265-274	275-282	285-286	10-광폭(민)-1	470-474	485-487	488-489
				10-광폭(민)-2	475-479	485-487	490-491
<과수비닐하우스>				10-광폭(민)-3	480-484	485-487	492-493
07-포도-1	361-371	382-389	398-400				
10-포도-1	372-381	390-397	401-403				
08-감귤-1	405-417	418-425	426-428				
<간이버섯재배사>							
08-버섯-1	513-521	532-541	542-545				
08-버섯-2	522-531	532-541	542-545				

○ 담양군 (적설심 40cm, 풍속 30m/s)

규격명	설계도·시방서 쪽 번호			규격명	설계도·시방서 쪽 번호		
	설계도면	시방서	자재내역		설계도면	시방서	자재내역
<연동비닐하우스>				<철재인삼재배시설>			
07-연동-1	36-52	53-59	60-63	07-철인-A	551	558	550
08-연동-1	66-78	79-85	86-89	07-철인-A-1	553	558	552
10-연동-1	91-106	107-112	113-115				
10-연동-2	117-133	134-139	140-143	<목재인삼재배시설>			
12-연동-1	145-162	163-168	169-173	13-목인-A	565	-	564
				13-목인-A-1	567	574	566
<단동비닐하우스>				13-목인-B	576	-	575
07-단동-1	175-176	213-216	230	13-목인-B-1	578	-	577
07-단동-2	177-178	213-216	231	13-목인-C	586	-	585
07-단동-3	179-180	213-216	232				
07-단동-4	181-182	213-216	233	<민간개발규격>			
10-단동-1	183-184	213-216	234	07-단동(민)-4	443-449	460-461	465
10-단동-2	185-186	213-216	235	08-단동(민)-1	495-499	505-506	507-511
10-단동-4	189-190	213-216	237	07-연동(민)-1	450-459	460-461	467-468
07-단동-18	209-210	213-216	252	08-연동(민)-1	500-504	505-506	507-511
12-단동-1	211-212	226-229	253	10-광폭(민)-1	470-474	485-487	488-489
				10-광폭(민)-2	475-479	485-487	490-491
<과수비닐하우스>				10-광폭(민)-3	480-484	485-487	492-493
07-포도-1	361-371	382-389	398-400				
10-포도-1	372-381	390-397	401-403				
08-감귤-1	405-417	418-425	426-428				
<간이버섯재배사>							
08-버섯-1	513-521	532-541	542-545				
08-버섯-2	522-531	532-541	542-545				

○ **목포시** (적설심 32cm, 풍속 36m/s)

규격명	설계도·시방서 쪽 번호			규격명	설계도·시방서 쪽 번호		
	설계도면	시방서	자재내역		설계도면	시방서	자재내역
<연동비닐하우스>				<철재인삼재배시설>			
07-연동-1	36-52	53-59	60-63	07-철인-A	551	558	550
08-연동-1	66-78	79-85	86-89	07-철인-A-1	553	558	552
10-연동-1	91-106	107-112	113-115				
10-연동-2	117-133	134-139	140-143	<목재인삼재배시설>			
12-연동-1	145-162	163-168	169-173	13-목인-A	565	-	564
				13-목인-A-1	567	574	566
<단동비닐하우스>				13-목인-A-2	569	574	568
07-단동-3	179-180	213-216	232	13-목인-B	576	-	575
07-단동-4	181-182	213-216	233	13-목인-B-1	578	-	577
07-단동-18	209-210	213-216	252	13-목인-B-2	580	-	579
12-단동-1	211-212	226-229	253	13-목인-B-3	582	-	581
				13-목인-B-4	584	-	583
<광폭비닐하우스>				13-목인-C	586	-	585
10-광폭-1	255-264	275-282	283-284	13-목인-C-1	588	595	587
10-광폭-2	265-274	275-282	285-286				
				<민간개발규격>			
<과수비닐하우스>				10-광폭(민)-1	470-474	485-487	488-489
08-감귤-1	405-417	418-425	426-428				
<간이버섯재배사>							
08-버섯-1	513-521	532-541	542-545				
08-버섯-2	522-531	532-541	542-545				

○ 무안군 (적설심 36cm, 풍속 34m/s)

규격명	설계도·시방서 쪽 번호			규격명	설계도·시방서 쪽 번호		
	설계도면	시방서	자재내역		설계도면	시방서	자재내역
<연동비닐하우스>				<철재인삼재배시설>			
07-연동-1	36-52	53-59	60-63	07-철인-A	551	558	550
08-연동-1	66-78	79-85	86-89	07-철인-A-1	553	558	552
10-연동-1	91-106	107-112	113-115				
10-연동-2	117-133	134-139	140-143	<목재인삼재배시설>			
12-연동-1	145-162	163-168	169-173	13-목인-A	565	-	564
				13-목인-A-1	567	574	566
<단동비닐하우스>				13-목인-B	576	-	575
07-단동-1	175-176	213-216	230	13-목인-B-1	578	-	577
07-단동-2	177-178	213-216	231	13-목인-B-2	580	-	579
07-단동-3	179-180	213-216	232	13-목인-C	586	-	585
07-단동-4	181-182	213-216	233				
10-단동-2	185-186	213-216	235	<민간개발규격>			
10-단동-4	189-190	213-216	237	07-단동(민)-4	443-449	460-461	465
07-단동-18	209-210	213-216	252	08-단동(민)-1	495-499	505-506	507-511
12-단동-1	211-212	226-229	253	07-연동(민)-1	450-459	460-461	467-468
				10-광폭(민)-1	470-474	485-487	488-489
<과수비닐하우스>				10-광폭(민)-2	475-479	485-487	490-491
07-포도-1	361-371	382-389	398-400	10-광폭(민)-3	480-484	485-487	492-493
10-포도-1	372-381	390-397	401-403				
08-감귤-1	405-417	418-425	426-428				
<간이버섯재배사>							
08-버섯-1	513-521	532-541	542-545				
08-버섯-2	522-531	532-541	542-545				

○ 보성군 (적설심 20cm, 풍속 30m/s)

규격명	설계도 · 시방서 쪽 번호			규격명	설계도 · 시방서 쪽 번호		
	설계도면	시방서	자재내역		설계도면	시방서	자재내역
<연동비닐하우스>				<철재인삼재배시설>			
07-연동-1	36-52	53-59	60-63	07-철인-A	551	558	550
08-연동-1	66-78	79-85	86-89	07-철인-A-1	553	558	552
10-연동-1	91-106	107-112	113-115	07-철인-A-2	555	558	554
10-연동-2	117-133	134-139	140-143	07-철인-A-3	557	558	556
12-연동-1	145-162	163-168	169-173	13-철인-W	560	561	559
<단동비닐하우스>				<목재인삼재배시설>			
07-단동-1	175-176	213-216	230	13-목인-A	565	-	564
07-단동-2	177-178	213-216	231	13-목인-A-1	567	574	566
07-단동-3	179-180	213-216	232	13-목인-A-2	569	574	568
07-단동-4	181-182	213-216	233	13-목인-A-3	571	574	570
10-단동-1	183-184	213-216	234	13-목인-A-4	573	574	572
10-단동-2	185-186	213-216	235	13-목인-B	576	-	575
10-단동-3	187-188	213-216	236	13-목인-B-1	578	-	577
10-단동-4	189-190	213-216	237	13-목인-B-2	580	-	579
10-단동-5	191-192	213-216	238	13-목인-B-3	582	-	581
10-단동-6	193-194	217-219	239-240	13-목인-B-4	584	-	583
10-단동-7	195-196	217-219	241-242	13-목인-C	586	-	585
10-단동-8	197-198	217-219	243-244	13-목인-C-1	588	595	587
10-단동-9	199-200	217-219	245-246	13-목인-C-2	590	595	589
07-단동-18	209-210	213-216	252	13-목인-C-3	592	595	591
12-단동-1	211-212	226-229	253	13-목인-C-4	594	595	593
<광폭비닐하우스>				<민간개발규격>			
10-광폭-1	255-264	275-282	283-284	07-단동(민)-4	443-449	460-461	465
10-광폭-2	265-274	275-282	285-286	08-단동(민)-1	495-499	505-506	507-511
				07-연동(민)-1	450-459	460-461	467-468
<과수비닐하우스>				08-연동(민)-1	500-504	505-506	507-511
07-포도-1	361-371	382-389	398-400	10-광폭(민)-1	470-474	485-487	488-489
10-포도-1	372-381	390-397	401-403	10-광폭(민)-2	475-479	485-487	490-491
08-감귤-1	405-417	418-425	426-428	10-광폭(민)-3	480-484	485-487	492-493
<간이버섯재배사>							
08-버섯-1	513-521	532-541	542-545				
08-버섯-2	522-531	532-541	542-545				

○ 순천시 (적설심 22cm, 풍속 24m/s)

규격명	설계도·시방서 쪽 번호			규격명	설계도·시방서 쪽 번호		
	설계도면	시방서	자재내역		설계도면	시방서	자재내역
<연동비닐하우스>				<철재인삼재배시설>			
07-연동-1	36-52	53-59	60-63	07-철인-A	551	558	550
08-연동-1	66-78	79-85	86-89	07-철인-A-1	553	558	552
10-연동-1	91-106	107-112	113-115	07-철인-A-2	555	558	554
10-연동-2	117-133	134-139	140-143	07-철인-A-3	557	558	556
12-연동-1	145-162	163-168	169-173	13-철인-W	560	561	559
<단동비닐하우스>				<목재인삼재배시설>			
07-단동-1	175-176	213-216	230	13-목인-A	565	-	564
07-단동-2	177-178	213-216	231	13-목인-A-1	567	574	566
07-단동-3	179-180	213-216	232	13-목인-A-2	569	574	568
07-단동-4	181-182	213-216	233	13-목인-A-3	571	574	570
10-단동-1	183-184	213-216	234	13-목인-A-4	573	574	572
10-단동-2	185-186	213-216	235	13-목인-B	576	-	575
10-단동-3	187-188	213-216	236	13-목인-B-1	578	-	577
10-단동-4	189-190	213-216	237	13-목인-B-2	580	-	579
10-단동-5	191-192	213-216	238	13-목인-B-3	582	-	581
10-단동-6	193-194	217-219	239-240	13-목인-B-4	584	-	583
10-단동-7	195-196	217-219	241-242	13-목인-C	586	-	585
10-단동-8	197-198	217-219	243-244	13-목인-C-1	588	595	587
10-단동-9	199-200	217-219	245-246	13-목인-C-2	590	595	589
10-단동-10	201-202	220-225	247	13-목인-C-3	592	595	591
10-단동-11	203-204	220-225	248-249	13-목인-C-4	594	595	593
10-단동-12	205-206	220-225	250				
10-단동-13	207-208	220-225	251				
07-단동-18	209-210	213-216	252				
12-단동-1	211-212	226-229	253				
<광폭비닐하우스>				<민간개발규격>			
10-광폭-1	255-264	275-282	283-284	07-단동(민)-1	430-432	460-461	462
10-광폭-2	265-274	275-282	285-286	07-단동(민)-2	433-447	460-461	463
13-광폭-1	288-295	339-347	348-349	07-단동(민)-3	438-442	460-461	464
13-광폭-2	296-303	339-347	350-351	07-단동(민)-4	443-449	460-461	465
13-광폭-3	305-311	339-347	352-353	08-단동(민)-1	495-499	505-506	507-511
13-광폭-4	312-319	339-347	354-355	07-연동(민)-1	450-459	460-461	467-468
<과수비닐하우스>				08-연동(민)-1	500-504	505-506	507-511
07-포도-1	361-371	382-389	398-400	10-광폭(민)-1	470-474	485-487	488-489
10-포도-1	372-381	390-397	401-403	10-광폭(민)-2	475-479	485-487	490-491
08-감귤-1	405-417	418-425	426-428	10-광폭(민)-3	480-484	485-487	492-493
<간이버섯재배사>							
08-버섯-1	513-521	532-541	542-545				
08-버섯-2	522-531	532-541	542-545				

○ **신안군** (적설심 30cm, 풍속 38m/s)

규격명	설계도 · 시방서 쪽 번호			규격명	설계도 · 시방서 쪽 번호		
	설계도면	시방서	자재내역		설계도면	시방서	자재내역
<연동비닐하우스>				<철재인삼재배시설>			
07-연동-1	36-52	53-59	60-63	07-철인-A	551	558	550
10-연동-1	91-106	107-112	113-115	07-철인-A-1	553	558	552
10-연동-2	117-133	134-139	140-143				
12-연동-1	145-162	163-168	169-173	<목재인삼재배시설>			
				13-목인-A	565	-	564
<단동비닐하우스>				13-목인-A-1	567	574	566
07-단동-18	209-210	213-216	252	13-목인-A-2	569	574	568
12-단동-1	211-212	226-229	253	13-목인-B	576	-	575
				13-목인-B-1	578	-	577
<광폭비닐하우스>				13-목인-B-2	580	-	579
10-광폭-1	255-264	275-282	283-284	13-목인-B-3	582	-	581
10-광폭-2	265-274	275-282	285-286	13-목인-B-4	584	-	583
				13-목인-C	586	-	585
<과수비닐하우스>				13-목인-C-1	588	595	587
08-감귤-1	405-417	418-425	426-428				
				<민간개발규격>			
<간이버섯재배사>				10-광폭(민)-1	470-474	485-487	488-489
08-버섯-1	513-521	532-541	542-545				
08-버섯-2	522-531	532-541	542-545				

○ 여수시 (적설심 20cm, 풍속 40m/s)

규격명	설계도·시방서 쪽 번호			규격명	설계도·시방서 쪽 번호		
	설계도면	시방서	자재내역		설계도면	시방서	자재내역
<연동비닐하우스>				<철재인삼재배시설>			
07-연동-1	36-52	53-59	60-63	07-철인-A	551	558	550
10-연동-1	91-106	107-112	113-115	07-철인-A-1	553	558	552
10-연동-2	117-133	134-139	140-143	07-철인-A-2	555	558	554
12-연동-1	145-162	163-168	169-173	07-철인-A-3	557	558	556
				13-철인-W	560	561	559
<단동비닐하우스>				<목재인삼재배시설>			
10-단동-7	195-196	217-219	241-242	13-목인-A	565	-	564
07-단동-18	209-210	213-216	252	13-목인-A-1	567	574	566
12-단동-1	211-212	226-229	253	13-목인-A-2	569	574	568
				13-목인-A-3	571	574	570
				13-목인-A-4	573	574	572
<광폭비닐하우스>				13-목인-B	576	-	575
10-광폭-1	255-264	275-282	283-284	13-목인-B-1	578	-	577
10-광폭-2	265-274	275-282	285-286	13-목인-B-2	580	-	579
				13-목인-B-3	582	-	581
<과수비닐하우스>				13-목인-B-4	584	-	583
08-감귤-1	405-417	418-425	426-428	13-목인-C	586	-	585
				13-목인-C-1	588	595	587
<간이버섯재배사>				13-목인-C-2	590	595	589
08-버섯-1	513-521	532-541	542-545	13-목인-C-3	592	595	591
08-버섯-2	522-531	532-541	542-545	13-목인-C-4	594	595	593
				<민간개발규격>			
				10-광폭(민)-1	470-474	485-487	488-489

○ **영광군** (적설심 40cm, 풍속 34m/s)

규격명	설계도·시방서 쪽 번호			규격명	설계도·시방서 쪽 번호		
	설계도면	시방서	자재내역		설계도면	시방서	자재내역
<연동비닐하우스>				<철재인삼재배시설>			
07-연동-1	36-52	53-59	60-63	07-철인-A	551	558	550
08-연동-1	66-78	79-85	86-89	07-철인-A-1	553	558	552
10-연동-1	91-106	107-112	113-115				
10-연동-2	117-133	134-139	140-143	<목재인삼재배시설>			
12-연동-1	145-162	163-168	169-173	13-목인-A	565	-	564
				13-목인-A-1	567	574	566
<단동비닐하우스>				13-목인-B	576	-	575
07-단동-1	175-176	213-216	230	13-목인-B-1	578	-	577
07-단동-2	177-178	213-216	231	13-목인-C	586	-	585
07-단동-3	179-180	213-216	232				
07-단동-4	181-182	213-216	233	<민간개발규격>			
10-단동-2	185-186	213-216	235	07-단동(민)-4	443-449	460-461	465
10-단동-4	189-190	213-216	237	08-단동(민)-1	495-499	505-506	507-511
07-단동-18	209-210	213-216	252	07-연동(민)-1	450-459	460-461	467-468
12-단동-1	211-212	226-229	253	10-광폭(민)-1	470-474	485-487	488-489
				10-광폭(민)-2	475-479	485-487	490-491
<과수비닐하우스>				10-광폭(민)-3	480-484	485-487	492-493
07-포도-1	361-371	382-389	398-400				
10-포도-1	372-381	390-397	401-403				
08-감귤-1	405-417	418-425	426-428				
<간이버섯재배사>							
08-버섯-1	513-521	532-541	542-545				
08-버섯-2	522-531	532-541	542-545				

○ 영암군 (적설심 28cm, 풍속 32m/s)

규격명	설계도 · 시방서 쪽 번호			규격명	설계도 · 시방서 쪽 번호		
	설계도면	시방서	자재내역		설계도면	시방서	자재내역
<연동비닐하우스>				<철재인삼재배시설>			
07-연동-1	36-52	53-59	60-63	07-철인-A	551	558	550
08-연동-1	66-78	79-85	86-89	07-철인-A-1	553	558	552
10-연동-1	91-106	107-112	113-115				
10-연동-2	117-133	134-139	140-143	<목재인삼재배시설>			
12-연동-1	145-162	163-168	169-173	13-목인-A	565	-	564
				13-목인-A-1	567	574	566
<단동비닐하우스>				13-목인-A-2	569	574	568
07-단동-1	175-176	213-216	230	13-목인-A-3	571	574	570
07-단동-2	177-178	213-216	231	13-목인-B	576	-	575
07-단동-3	179-180	213-216	232	13-목인-B-1	578	-	577
07-단동-4	181-182	213-216	233	13-목인-B-2	580	-	579
10-단동-1	183-184	213-216	234	13-목인-B-3	582	-	581
10-단동-2	185-186	213-216	235	13-목인-B-4	584	-	583
10-단동-3	187-188	213-216	236	13-목인-C	586	-	585
10-단동-4	189-190	213-216	237	13-목인-C-1	588	595	587
10-단동-5	191-192	213-216	238				
10-단동-6	193-194	217-219	239-240	<민간개발규격>			
07-단동-18	209-210	213-216	252	07-단동(민)-4	443-449	460-461	465
12-단동-1	211-212	226-229	253	08-단동(민)-1	495-499	505-506	507-511
				07-연동(민)-1	450-459	460-461	467-468
<광폭비닐하우스>				08-연동(민)-1	500-504	505-506	507-511
10-광폭-1	255-264	275-282	283-284	10-광폭(민)-1	470-474	485-487	488-489
10-광폭-2	265-274	275-282	285-286	10-광폭(민)-2	475-479	485-487	490-491
				10-광폭(민)-3	480-484	485-487	492-493
<과수비닐하우스>							
07-포도-1	361-371	382-389	398-400				
10-포도-1	372-381	390-397	401-403				
08-감귤-1	405-417	418-425	426-428				
<간이버섯재배사>							
08-버섯-1	513-521	532-541	542-545				
08-버섯-2	522-531	532-541	542-545				

◯ 완도군 (적설심 20cm, 풍속 40m/s)

규격명	설계도 · 시방서 쪽 번호			규격명	설계도 · 시방서 쪽 번호		
	설계도면	시방서	자재내역		설계도면	시방서	자재내역
<연동비닐하우스>				<철재인삼재배시설>			
07-연동-1	36-52	53-59	60-63	07-철인-A	551	558	550
				07-철인-A-1	553	558	552
10-연동-1	91-106	107-112	113-115	07-철인-A-2	555	558	554
10-연동-2	117-133	134-139	140-143	07-철인-A-3	557	558	556
12-연동-1	145-162	163-168	169-173	13-철인-W	560	561	559
				<목재인삼재배시설>			
<단동비닐하우스>				13-목인-A	565	-	564
10-단동-7	195-196	217-219	241-242	13-목인-A-1	567	574	566
07-단동-18	209-210	213-216	252	13-목인-A-2	569	574	568
12-단동-1	211-212	226-229	253	13-목인-A-3	571	574	570
				13-목인-A-4	573	574	572
				13-목인-B	576	-	575
<광폭비닐하우스>				13-목인-B-1	578	-	577
10-광폭-1	255-264	275-282	283-284	13-목인-B-2	580	-	579
10-광폭-2	265-274	275-282	285-286	13-목인-B-3	582	-	581
				13-목인-B-4	584	-	583
				13-목인-C	586	-	585
<과수비닐하우스>				13-목인-C-1	588	595	587
08-감귤-1	405-417	418-425	426-428	13-목인-C-2	590	595	589
				13-목인-C-3	592	595	591
				13-목인-C-4	594	595	593
<간이버섯재배사>				<민간개발규격>			
08-버섯-1	513-521	532-541	542-545	10-광폭(민)-1	470-474	485-487	488-489
08-버섯-2	522-531	532-541	542-545				

○ 장성군 (적설심 40cm, 풍속 32m/s)

규격명	설계도 · 시방서 쪽 번호			규격명	설계도 · 시방서 쪽 번호		
	설계도면	시방서	자재내역		설계도면	시방서	자재내역
<연동비닐하우스>				<철재인삼재배시설>			
07-연동-1	36-52	53-59	60-63	07-철인-A	551	558	550
08-연동-1	66-78	79-85	86-89	07-철인-A-1	553	558	552
10-연동-1	91-106	107-112	113-115				
10-연동-2	117-133	134-139	140-143	<목재인삼재배시설>			
12-연동-1	145-162	163-168	169-173	13-목인-A	565	-	564
				13-목인-A-1	567	574	566
<단동비닐하우스>				13-목인-B	576	-	575
07-단동-1	175-176	213-216	230	13-목인-B-1	578	-	577
07-단동-2	177-178	213-216	231	13-목인-C	586	-	585
07-단동-3	179-180	213-216	232				
07-단동-4	181-182	213-216	233	<민간개발규격>			
10-단동-1	183-184	213-216	234	07-단동(민)-4	443-449	460-461	465
10-단동-2	185-186	213-216	235	08-단동(민)-1	495-499	505-506	507-511
10-단동-4	189-190	213-216	237	07-연동(민)-1	450-459	460-461	467-468
07-단동-18	209-210	213-216	252	08-연동(민)-1	500-504	505-506	507-511
12-단동-1	211-212	226-229	253	10-광폭(민)-1	470-474	485-487	488-489
				10-광폭(민)-2	475-479	485-487	490-491
<과수비닐하우스>				10-광폭(민)-3	480-484	485-487	492-493
07-포도-1	361-371	382-389	398-400				
10-포도-1	372-381	390-397	401-403				
08-감귤-1	405-417	418-425	426-428				
<간이버섯재배사>							
08-버섯-1	513-521	532-541	542-545				
08-버섯-2	522-531	532-541	542-545				

○ 진도군 (적설심 22cm, 풍속 40m/s)

규격명	설계도·시방서 쪽 번호			규격명	설계도·시방서 쪽 번호		
	설계도면	시방서	자재내역		설계도면	시방서	자재내역
<연동비닐하우스>				<철재인삼재배시설>			
07-연동-1	36-52	53-59	60-63	07-철인-A	551	558	550
				07-철인-A-1	553	558	552
10-연동-1	91-106	107-112	113-115	07-철인-A-2	555	558	554
10-연동-2	117-133	134-139	140-143	07-철인-A-3	557	558	556
12-연동-1	145-162	163-168	169-173	13-철인-W	560	561	559
				<목재인삼재배시설>			
				13-목인-A	565	-	564
<단동비닐하우스>				13-목인-A-1	567	574	566
10-단동-7	195-196	217-219	241-242	13-목인-A-2	569	574	568
07-단동-18	209-210	213-216	252	13-목인-A-3	571	574	570
12-단동-1	211-212	226-229	253	13-목인-A-4	573	574	572
				13-목인-B	576	-	575
				13-목인-B-1	578	-	577
				13-목인-B-2	580	-	579
<광폭비닐하우스>				13-목인-B-3	582	-	581
10-광폭-1	255-264	275-282	283-284	13-목인-B-4	584	-	583
10-광폭-2	265-274	275-282	285-286	13-목인-C	586	-	585
				13-목인-C-1	588	595	587
				13-목인-C-2	590	595	589
<과수비닐하우스>				13-목인-C-3	592	595	591
08-감귤-1	405-417	418-425	426-428	13-목인-C-4	594	595	593
				<민간개발규격>			
<간이버섯재배사>				10-광폭(민)-1	470-474	485-487	488-489
08-버섯-1	513-521	532-541	542-545				
08-버섯-2	522-531	532-541	542-545				

○ 함평군 (적설심 36cm, 풍속 34m/s)

규격명	설계도 · 시방서 쪽 번호			규격명	설계도 · 시방서 쪽 번호		
	설계도면	시방서	자재내역		설계도면	시방서	자재내역
<연동비닐하우스>				<철재인삼재배시설>			
07-연동-1	36-52	53-59	60-63	07-철인-A	551	558	550
08-연동-1	66-78	79-85	86-89	07-철인-A-1	553	558	552
10-연동-1	91-106	107-112	113-115				
10-연동-2	117-133	134-139	140-143	<목재인삼재배시설>			
12-연동-1	145-162	163-168	169-173	13-목인-A	565	-	564
				13-목인-A-1	567	574	566
<단동비닐하우스>				13-목인-B	576	-	575
07-단동-1	175-176	213-216	230	13-목인-B-1	578	-	577
07-단동-2	177-178	213-216	231	13-목인-B-2	580	574	579
07-단동-3	179-180	213-216	232	13-목인-C	586	-	585
07-단동-4	181-182	213-216	233				
10-단동-2	185-186	213-216	235	<민간개발규격>			
10-단동-4	189-190	213-216	237	07-단동(민)-4	443-449	460-461	465
07-단동-18	209-210	213-216	252	08-단동(민)-1	495-499	505-506	507-511
12-단동-1	211-212	226-229	253	07-연동(민)-1	450-459	460-461	467-468
				10-광폭(민)-1	470-474	485-487	488-489
<과수비닐하우스>				10-광폭(민)-2	475-479	485-487	490-491
07-포도-1	361-371	382-389	398-400	10-광폭(민)-3	480-484	485-487	492-493
10-포도-1	372-381	390-397	401-403				
08-감귤-1	405-417	418-425	426-428				
<간이버섯재배사>							
08-버섯-1	513-521	532-541	542-545				
08-버섯-2	522-531	532-541	542-545				

○ 해남군 (적설심 22cm, 풍속 34m/s)

규격명	설계도·시방서 쪽 번호			규격명	설계도·시방서 쪽 번호		
	설계도면	시방서	자재내역		설계도면	시방서	자재내역
<연동비닐하우스>				<철재인삼재배시설>			
07-연동-1	36-52	53-59	60-63	07-철인-A	551	558	550
08-연동-1	66-78	79-85	86-89	07-철인-A-1	553	558	552
10-연동-1	91-106	107-112	113-115	07-철인-A-2	555	558	554
10-연동-2	117-133	134-139	140-143	07-철인-A-3	557	558	556
12-연동-1	145-162	163-168	169-173	13-철인-W	560	561	559
<단동비닐하우스>				<목재인삼재배시설>			
07-단동-1	175-176	213-216	230	13-목인-A	565	-	564
07-단동-2	177-178	213-216	231	13-목인-A-1	567	574	566
07-단동-3	179-180	213-216	232	13-목인-A-2	569	574	568
07-단동-4	181-182	213-216	233	13-목인-A-3	571	574	570
10-단동-2	185-186	213-216	235	13-목인-A-4	573	574	572
10-단동-3	187-188	213-216	236	13-목인-B	576	-	575
10-단동-4	189-190	213-216	237	13-목인-B-1	578	-	577
10-단동-6	193-194	217-219	239-240	13-목인-B-2	580	-	579
10-단동-7	195-196	217-219	241-242	13-목인-B-3	582	-	581
10-단동-9	199-200	217-219	245-246	13-목인-B-4	584	-	583
07-단동-18	209-211	213-216	252	13-목인-C	586	-	585
12-단동-1	211-212	226-229	253	13-목인-C-1	588	595	587
				13-목인-C-2	590	595	589
<광폭비닐하우스>				13-목인-C-3	592	595	591
10-광폭-1	255-264	275-282	283-284	13-목인-C-4	594	595	593
10-광폭-2	265-274	275-282	285-286				
				<민간개발규격>			
<과수비닐하우스>				07-단동(민)-4	443-449	460-461	465
07-포도-1	361-371	382-389	398-400	08-단동(민)-1	495-499	505-506	507-511
10-포도-1	372-381	390-397	401-403	07-연동(민)-1	450-459	460-461	467-468
08-감귤-1	405-417	418-425	426-428	10-광폭(민)-1	470-474	485-487	488-489
				10-광폭(민)-2	475-479	485-487	490-491
<간이버섯재배사>				10-광폭(민)-3	480-484	485-487	492-493
08-버섯-1	513-521	532-541	542-545				
08-버섯-2	522-531	532-541	542-545				

○ 화순군 (적설심 30cm, 풍속 32m/s)

규격명	설계도·시방서 쪽 번호			규격명	설계도·시방서 쪽 번호		
	설계도면	시방서	자재내역		설계도면	시방서	자재내역
<연동비닐하우스>				<철재인삼재배시설>			
07-연동-1	36-52	53-59	60-63	07-철인-A	551	558	550
08-연동-1	66-78	79-85	86-89	07-철인-A-1	553	558	552
10-연동-1	91-106	107-112	113-115				
10-연동-2	117-133	134-139	140-143				
12-연동-1	145-162	163-168	169-173	<목재인삼재배시설>			
				13-목인-A	565	-	564
<단동비닐하우스>				13-목인-A-1	567	574	566
07-단동-1	175-176	213-216	230	13-목인-A-2	569	574	568
07-단동-2	177-178	213-216	231	13-목인-B	576	-	575
07-단동-3	179-180	213-216	232	13-목인-B-1	578	-	577
07-단동-4	181-182	213-216	233	13-목인-B-2	580	-	579
10-단동-1	183-184	213-216	234	13-목인-B-3	582	-	581
10-단동-2	185-186	213-216	235	13-목인-B-4	584	-	583
10-단동-3	187-188	213-216	236	13-목인-C	586	-	585
10-단동-4	189-190	213-216	237	13-목인-C-1	588	595	587
10-단동-5	191-192	213-216	238				
07-단동-18	209-210	213-216	252	<민간개발규격>			
12-단동-1	211-212	226-229	253	07-단동(민)-4	443-449	460-461	465
				08-단동(민)-1	495-499	505-506	507-511
<광폭비닐하우스>				07-연동(민)-1	450-459	460-461	467-468
10-광폭-1	255-264	275-282	283-284	08-연동(민)-1	500-504	505-506	507-511
10-광폭-2	265-274	275-282	285-286	10-광폭(민)-1	470-474	485-487	488-489
				10-광폭(민)-2	475-479	485-487	490-491
<과수비닐하우스>				10-광폭(민)-3	480-484	485-487	492-493
07-포도-1	361-371	382-389	398-400				
10-포도-1	372-381	390-397	401-403				
08-감귤-1	405-417	418-425	426-428				
<간이버섯재배사>							
08-버섯-1	513-521	532-541	542-545				
08-버섯-2	522-531	532-541	542-545				

7. 전라북도

○ 고창군 (적설심 40cm, 풍속 30m/s)

규격명	설계도 · 시방서 쪽 번호			규격명	설계도 · 시방서 쪽 번호		
	설계도면	시방서	자재내역		설계도면	시방서	자재내역
<연동비닐하우스>				<철재인삼재배시설>			
07-연동-1	36-52	53-59	60-63	07-철인-A	551	558	550
08-연동-1	66-78	79-85	86-89	07-철인-A-1	553	558	552
10-연동-1	91-106	107-112	113-115				
10-연동-2	117-133	134-139	140-143	<목재인삼재배시설>			
12-연동-1	145-162	163-168	169-173	13-목인-A	565	-	564
				13-목인-A-1	567	574	566
<단동비닐하우스>				13-목인-B	576	-	575
07-단동-1	175-176	213-216	230	13-목인-B-1	578	-	577
07-단동-2	177-178	213-216	231	13-목인-C	586	-	585
07-단동-3	179-180	213-216	232				
07-단동-4	181-182	213-216	233	<민간개발규격>			
10-단동-1	183-184	213-216	234	07-단동(민)-4	443-449	460-461	465
10-단동-2	185-186	213-216	235	08-단동(민)-1	495-499	505-506	507-511
10-단동-4	189-190	213-216	237	07-연동(민)-1	450-459	460-461	467-468
07-단동-18	209-210	213-216	252	08-연동(민)-1	500-504	505-506	507-511
12-단동-1	211-212	226-229	253	10-광폭(민)-1	470-474	485-487	488-489
				10-광폭(민)-2	475-479	485-487	490-491
<과수비닐하우스>				10-광폭(민)-3	480-484	485-487	492-493
07-포도-1	361-371	382-389	398-400				
10-포도-1	372-381	390-397	401-403				
08-감귤-1	405-417	418-425	426-428				
<간이버섯재배사>							
08-버섯-1	513-521	532-541	542-545				
08-버섯-2	522-531	532-541	542-545				

○ 군산시 (적설심 34cm, 풍속 38m/s)

규격명	설계도·시방서 쪽 번호			규격명	설계도·시방서 쪽 번호		
	설계도면	시방서	자재내역		설계도면	시방서	자재내역
<연동비닐하우스>				<철재인삼재배시설>			
07-연동-1	36-52	53-59	60-63	07-철인-A	551	558	550
10-연동-1	91-106	107-112	113-115	07-철인-A-1	553	558	552
10-연동-2	117-133	134-139	140-143				
12-연동-1	145-162	163-168	169-173	<목재인삼재배시설>			
				13-목인-A	565	-	564
<단동비닐하우스>				13-목인-A-1	567	574	566
07-단동-3	179-180	213-216	232	13-목인-B	576	-	575
07-단동-4	181-182	213-216	233	13-목인-B-1	578	-	577
07-단동-18	209-210	213-216	252	13-목인-B-2	580	-	579
12-단동-1	211-212	226-229	253	13-목인-B-3	582	-	581
				13-목인-C	586	-	585
<광폭비닐하우스>				13-목인-C-1	588	595	597
10-광폭-2	265-274	275-282	285-286				
				<민간개발규격>			
<과수비닐하우스>				10-광폭(민)-1	470-474	485-487	488-489
08-감귤-1	405-417	418-425	426-428				
<간이버섯재배사>							
08-버섯-1	513-521	532-541	542-545				
08-버섯-2	522-531	532-541	542-545				

○ 김제시 (적설심 40cm, 풍속 30m/s)

규격명	설계도·시방서 쪽 번호			규격명	설계도·시방서 쪽 번호		
	설계도면	시방서	자재내역		설계도면	시방서	자재내역
<연동비닐하우스>				<철재인삼재배시설>			
07-연동-1	36-52	53-59	60-63	07-철인-A	551	558	550
08-연동-1	66-78	79-85	86-89	07-철인-A-1	553	558	552
10-연동-1	91-106	107-112	113-115				
10-연동-2	117-133	134-139	140-143	<목재인삼재배시설>			
12-연동-1	145-162	163-168	169-173	13-목인-A	565	-	564
				13-목인-A-1	567	574	566
<단동비닐하우스>				13-목인-B	576	-	575
07-단동-1	175-176	213-216	230	13-목인-B-1	578	-	577
07-단동-2	177-178	213-216	231	13-목인-C	586	-	585
07-단동-3	179-180	213-216	232				
07-단동-4	181-182	213-216	233				
10-단동-1	183-184	213-216	234	<민간개발규격>			
10-단동-2	185-186	213-216	235	07-단동(민)-4	443-449	460-461	465
10-단동-4	189-190	213-216	237	08-단동(민)-1	495-499	505-506	507-511
07-단동-18	209-210	213-216	252	07-연동(민)-1	450-459	460-461	467-468
12-단동-1	211-212	226-229	253	08-연동(민)-1	500-504	505-506	507-511
				10-광폭(민)-1	470-474	485-487	488-489
<과수비닐하우스>				10-광폭(민)-2	475-479	485-487	490-491
07-포도-1	361-371	382-389	398-400	10-광폭(민)-3	480-484	485-487	492-493
10-포도-1	372-381	390-397	401-403				
08-감귤-1	405-417	418-425	426-428				
<간이버섯재배사>							
08-버섯-1	513-521	532-541	542-545				
08-버섯-2	522-531	532-541	542-545				

○ 남원시 (적설심 30cm, 풍속 26m/s)

규격명	설계도·시방서 쪽 번호			규격명	설계도·시방서 쪽 번호		
	설계도면	시방서	자재내역		설계도면	시방서	자재내역
<연동비닐하우스>				<철재인삼재배시설>			
07-연동-1	36-52	53-59	60-63	07-철인-A	551	558	550
08-연동-1	66-78	79-85	86-89	07-철인-A-1	553	558	552
10-연동-1	91-106	107-112	113-115				
10-연동-2	117-133	134-139	140-143	<목재인삼재배시설>			
12-연동-1	145-162	163-168	169-173	13-목인-A	565	-	564
				13-목인-A-1	567	574	566
<단동비닐하우스>				13-목인-A-2	569	574	568
07-단동-1	175-176	213-216	230	13-목인-B	576	-	575
07-단동-2	177-178	213-216	231	13-목인-B-1	578	-	577
07-단동-3	179-180	213-216	232	13-목인-B-2	580	-	579
07-단동-4	181-182	213-216	233	13-목인-B-3	582	-	581
10-단동-1	183-184	213-216	234	13-목인-B-4	584	-	583
10-단동-2	185-186	213-216	235	13-목인-C	586	-	585
10-단동-3	187-188	213-216	236	13-목인-C-1	588	595	587
10-단동-4	189-190	213-216	237				
10-단동-5	191-192	213-216	238	<민간개발규격>			
10-단동-10	201-202	220-225	247	07-단동(민)-4	443-449	460-461	465
10-단동-13	207-208	220-225	251	08-단동(민)-1	495-499	505-506	507-511
07-단동-18	209-210	213-216	252	07-연동(민)-1	450-459	460-461	467-468
12-단동-1	211-212	226-229	253	08-연동(민)-1	500-504	505-506	507-511
				10-광폭(민)-1	470-474	485-487	488-489
<광폭비닐하우스>				10-광폭(민)-2	475-479	485-487	490-491
10-광폭-1	255-264	275-282	283-284	10-광폭(민)-3	480-484	485-487	492-493
10-광폭-2	265-274	275-282	285-286				
<과수비닐하우스>							
07-포도-1	361-371	382-389	398-400				
10-포도-1	372-381	390-397	401-403				
08-감귤-1	405-417	418-425	426-428				
<간이버섯재배사>							
08-버섯-1	513-521	532-541	542-545				
08-버섯-2	522-531	532-541	542-545				

○ **무주군** (적설심 30cm, 풍속 26m/s)

규격명	설계도 · 시방서 쪽 번호			규격명	설계도 · 시방서 쪽 번호		
	설계도면	시방서	자재내역		설계도면	시방서	자재내역
<연동비닐하우스>				<철재인삼재배시설>			
07-연동-1	36-52	53-59	60-63	07-철인-A	551	558	550
08-연동-1	66-78	79-85	86-89	07-철인-A-1	553	558	552
10-연동-1	91-106	107-112	113-115				
10-연동-2	117-133	134-139	140-143	<목재인삼재배시설>			
12-연동-1	145-162	163-168	169-173	13-목인-A	565	-	564
				13-목인-A-1	567	574	566
<단동비닐하우스>				13-목인-B	576	-	575
07-단동-1	175-176	213-216	230	13-목인-B-1	578	-	577
07-단동-2	177-178	213-216	231	13-목인-B-2	580	-	579
07-단동-3	179-180	213-216	232	13-목인-C	586	-	585
07-단동-4	181-182	213-216	233				
10-단동-2	185-186	213-216	235	<민간개발규격>			
10-단동-4	189-190	213-216	237	07-단동(민)-4	443-449	460-461	465
07-단동-18	209-210	213-216	252	08-단동(민)-1	495-499	505-506	507-511
12-단동-1	211-212	226-229	253	07-연동(민)-1	450-459	460-461	467-468
				10-광폭(민)-1	470-474	485-487	488-489
<과수비닐하우스>				10-광폭(민)-2	475-479	485-487	490-491
07-포도-1	361-371	382-389	398-400	10-광폭(민)-3	480-484	485-487	492-493
10-포도-1	372-381	390-397	401-403				
08-감귤-1	405-417	418-425	426-428				
<간이버섯재배사>							
08-버섯-1	513-521	532-541	542-545				
08-버섯-2	522-531	532-541	542-545				

○ 부안군 (적설심 40cm, 풍속 28m/s)

규격명	설계도·시방서 쪽 번호			규격명	설계도·시방서 쪽 번호		
	설계도면	시방서	자재내역		설계도면	시방서	자재내역
<연동비닐하우스>				<철재인삼재배시설>			
07-연동-1	36-52	53-59	60-63	07-철인-A	551	558	550
08-연동-1	66-78	79-85	86-89	07-철인-A-1	553	558	552
10-연동-1	91-106	107-112	113-115				
10-연동-2	117-133	134-139	140-143	<목재인삼재배시설>			
12-연동-1	145-162	163-168	169-173	13-목인-A	565	-	564
				13-목인-A-1	567	574	566
<단동비닐하우스>				13-목인-B	576	-	575
07-단동-1	175-176	213-216	230	13-목인-B-1	578	-	577
07-단동-2	177-178	213-216	231	13-목인-C	586	-	585
07-단동-3	179-180	213-216	232				
07-단동-4	181-182	213-216	233	<민간개발규격>			
10-단동-1	183-184	213-216	234	07-단동(민)-4	443-449	460-461	465
10-단동-2	185-186	213-216	235	08-단동(민)-1	495-499	505-506	507-511
10-단동-4	189-190	213-216	237	07-연동(민)-1	450-459	460-461	467-468
07-단동-18	209-210	213-216	252	08-연동(민)-1	500-504	505-506	507-511
12-단동-1	211-212	226-229	253	10-광폭(민)-1	470-474	485-487	488-489
				10-광폭(민)-2	475-479	485-487	490-491
<과수비닐하우스>				10-광폭(민)-3	480-484	485-487	492-493
07-포도-1	361-371	382-389	398-400				
10-포도-1	372-381	390-397	401-403				
08-감귤-1	405-417	418-425	426-428				
<간이버섯재배사>							
08-버섯-1	513-521	532-541	542-545				
08-버섯-2	522-531	532-541	542-545				

○ 순창군 (적설심 36cm, 풍속 26m/s)

규격명	설계도·시방서 쪽 번호			규격명	설계도·시방서 쪽 번호		
	설계도면	시방서	자재내역		설계도면	시방서	자재내역
<연동비닐하우스>				<철재인삼재배시설>			
07-연동-1	36-52	53-59	60-63	07-철인-A	551	558	550
08-연동-1	66-78	79-85	86-89	07-철인-A-1	553	558	552
10-연동-1	91-106	107-112	113-115				
10-연동-2	117-133	134-139	140-143	<목재인삼재배시설>			
12-연동-1	145-162	163-168	169-173	13-목인-A	565	-	564
				13-목인-A-1	567	574	566
<단동비닐하우스>				13-목인-B	576	-	575
07-단동-1	175-176	213-216	230	13-목인-B-1	578	-	577
07-단동-2	177-178	213-216	231	13-목인-B-2	580	-	579
07-단동-3	179-180	213-216	232	13-목인-C	586	-	585
07-단동-4	181-182	213-216	233				
10-단동-1	183-184	213-216	234	<민간개발규격>			
10-단동-2	185-186	213-216	235	07-단동(민)-4	443-449	460-461	465
10-단동-3	187-188	213-216	236	08-단동(민)-1	495-499	505-506	507-511
10-단동-4	189-190	213-216	237	07-연동(민)-1	450-459	460-461	467-468
07-단동-18	209-210	213-216	252	08-연동(민)-1	500-504	505-506	507-511
12-단동-1	211-212	226-229	253	10-광폭(민)-1	470-474	485-487	488-489
				10-광폭(민)-2	475-479	485-487	490-491
<과수비닐하우스>				10-광폭(민)-3	480-484	485-487	492-493
07-포도-1	361-371	382-389	398-400				
10-포도-1	372-381	390-397	401-403				
08-감귤-1	405-417	418-425	426-428				
<간이버섯재배사>							
08-버섯-1	513-521	532-541	542-545				
08-버섯-2	522-531	532-541	542-545				

○ 완주군 (적설심 26cm, 풍속 30m/s)

규격명	설계도·시방서 쪽 번호			규격명	설계도·시방서 쪽 번호		
	설계도면	시방서	자재내역		설계도면	시방서	자재내역
<연동비닐하우스>				<철재인삼재배시설>			
07-연동-1	36-52	53-59	60-63	07-철인-A	551	558	550
08-연동-1	66-78	79-85	86-89	07-철인-A-1	553	558	552
10-연동-1	91-106	107-112	113-115	07-철인-A-2	555	558	554
10-연동-2	117-133	134-139	140-143	07-철인-A-3	557	558	556
12-연동-1	145-162	163-168	169-173	13-철인-W	560	561	559
<단동비닐하우스>				<목재인삼재배시설>			
07-단동-1	175-176	213-216	230	13-목인-A	565	-	564
07-단동-2	177-178	213-216	231	13-목인-A-1	567	574	566
07-단동-3	179-180	213-216	232	13-목인-A-2	569	574	568
07-단동-4	181-182	213-216	233	13-목인-A-3	571	574	570
10-단동-1	183-184	213-216	234	13-목인-A-4	573	574	572
10-단동-2	185-186	213-216	235	13-목인-B	576	-	575
10-단동-3	187-188	213-216	236	13-목인-B-1	578	-	577
10-단동-4	189-190	213-216	237	13-목인-B-2	580	-	579
10-단동-5	191-192	213-216	238	13-목인-B-3	582	-	581
10-단동-6	193-194	217-219	239-240	13-목인-B-4	584	-	583
10-단동-7	195-196	217-219	241-242	13-목인-C	586	-	585
10-단동-9	199-200	217-219	245-246	13-목인-C-1	588	595	587
07-단동-18	209-210	213-216	252	13-목인-C-2	590	595	589
12-단동-1	211-212	226-229	253				
				<민간개발규격>			
<광폭비닐하우스>				07-단동(민)-4	443-449	460-461	465
10-광폭-1	255-264	275-282	283-284	08-단동(민)-1	495-499	505-506	507-511
10-광폭-2	265-274	275-282	285-286	07-연동(민)-1	450-459	460-461	467-468
				08-연동(민)-1	500-504	505-506	507-511
<과수비닐하우스>				10-광폭(민)-1	470-474	485-487	488-489
07-포도-1	361-371	382-389	398-400	10-광폭(민)-2	475-479	485-487	490-491
10-포도-1	372-381	390-397	401-403	10-광폭(민)-3	480-484	485-487	492-493
08-감귤-1	405-417	418-425	426-428				
<간이버섯재배사>							
08-버섯-1	513-521	532-541	542-545				
08-버섯-2	522-531	532-541	542-545				

○ 익산시 (적설심 28cm, 풍속 30m/s)

규격명	설계도·시방서 쪽 번호			규격명	설계도·시방서 쪽 번호		
	설계도면	시방서	자재내역		설계도면	시방서	자재내역
<연동비닐하우스>				<철재인삼재배시설>			
07-연동-1	36-52	53-59	60-63	07-철인-A	551	558	550
08-연동-1	66-78	79-85	86-89	07-철인-A-1	553	558	552
10-연동-1	91-106	107-112	113-115				
10-연동-2	117-133	134-139	140-143	<목재인삼재배시설>			
12-연동-1	145-162	163-168	169-173	13-목인-A	565	-	564
				13-목인-A-1	567	574	566
<단동비닐하우스>				13-목인-A-2	569	574	568
07-단동-1	175-176	213-216	230	13-목인-A-3	571	574	570
07-단동-2	177-178	213-216	231	13-목인-B	576	-	575
07-단동-3	179-180	213-216	232	13-목인-B-1	578	-	577
07-단동-4	181-182	213-216	233	13-목인-B-2	580	-	579
10-단동-1	183-184	213-216	234	13-목인-B-3	582	-	581
10-단동-2	185-186	213-216	235	13-목인-B-4	584	-	583
10-단동-3	187-188	213-216	236	13-목인-C	586	-	585
10-단동-4	189-190	213-216	237	13-목인-C-1	588	595	587
10-단동-5	191-192	213-216	238				
10-단동-6	193-194	217-219	239-240	<민간개발규격>			
07-단동-18	209-210	213-216	252	07-단동(민)-4	443-449	460-461	465
12-단동-1	211-212	226-229	253	08-단동(민)-1	495-499	505-506	507-511
				07-연동(민)-1	450-459	460-461	467-468
<광폭비닐하우스>				08-연동(민)-1	500-504	505-506	507-511
10-광폭-1	255-264	275-282	283-284	10-광폭(민)-1	470-474	485-487	488-489
10-광폭-2	265-274	275-282	285-286	10-광폭(민)-2	475-479	485-487	490-491
				10-광폭(민)-3	480-484	485-487	492-493
<과수비닐하우스>							
07-포도-1	361-371	382-389	398-400				
10-포도-1	372-381	390-397	401-403				
08-감귤-1	405-417	418-425	426-428				
<간이버섯재배사>							
08-버섯-1	513-521	532-541	542-545				
08-버섯-2	522-531	532-541	542-545				

○ 임실군 (적설심 40cm, 풍속 26m/s)

규격명	설계도·시방서 쪽 번호			규격명	설계도·시방서 쪽 번호		
	설계도면	시방서	자재내역		설계도면	시방서	자재내역
<연동비닐하우스>				<철재인삼재배시설>			
07-연동-1	36-52	53-59	60-63	07-철인-A	551	558	550
08-연동-1	66-78	79-85	86-89	07-철인-A-1	553	558	552
10-연동-1	91-106	107-112	113-115				
10-연동-2	117-133	134-139	140-143	<목재인삼재배시설>			
12-연동-1	145-162	163-168	169-173	13-목인-A	565	-	564
				13-목인-A-1	567	574	566
<단동비닐하우스>				13-목인-B	576	-	575
07-단동-1	175-176	213-216	230	13-목인-B-1	578	-	577
07-단동-2	177-178	213-216	231	13-목인-C	586	-	585
07-단동-3	179-180	213-216	232				
07-단동-4	181-182	213-216	233	<민간개발규격>			
10-단동-1	183-184	213-216	234	07-단동(민)-4	443-449	460-461	465
10-단동-2	185-186	213-216	235	08-단동(민)-1	495-499	505-506	507-511
10-단동-4	189-190	213-216	237	07-연동(민)-1	450-459	460-461	467-468
07-단동-18	209-210	213-216	252	08-연동(민)-1	500-504	505-506	507-511
12-단동-1	211-212	226-229	253	10-광폭(민)-1	470-474	485-487	488-489
				10-광폭(민)-2	475-479	485-487	490-491
<과수비닐하우스>				10-광폭(민)-3	480-484	485-487	492-493
07-포도-1	361-371	382-389	398-400				
10-포도-1	372-381	390-397	401-403				
08-감귤-1	405-417	418-425	426-428				
<간이버섯재배사>							
08-버섯-1	513-521	532-541	542-545				
08-버섯-2	522-531	532-541	542-545				

○ **장수군** (적설심 38cm, 풍속 26m/s)

규격명	설계도·시방서 쪽 번호			규격명	설계도·시방서 쪽 번호		
	설계도면	시방서	자재내역		설계도면	시방서	자재내역
<연동비닐하우스>				<철재인삼재배시설>			
07-연동-1	36-52	53-59	60-63	07-철인-A	551	558	550
08-연동-1	66-78	79-85	86-89	07-철인-A-1	553	558	552
10-연동-1	91-106	107-112	113-115				
10-연동-2	117-133	134-139	140-143	<목재인삼재배시설>			
12-연동-1	145-162	163-168	169-173	13-목인-A	565	-	564
				13-목인-A-1	567	574	566
<단동비닐하우스>				13-목인-B	576	-	575
07-단동-1	175-176	213-216	230	13-목인-B-1	578	-	577
07-단동-2	177-178	213-216	231	13-목인-B-2	580	-	579
07-단동-3	179-180	213-216	232	13-목인-C	586	-	585
07-단동-4	181-182	213-216	233				
10-단동-1	183-184	213-216	234	<민간개발규격>			
10-단동-2	185-186	213-216	235	07-단동(민)-4	443-449	460-461	465
10-단동-4	189-190	213-216	237	08-단동(민)-1	495-499	505-506	507-511
07-단동-18	209-210	213-216	252	07-연동(민)-1	450-459	460-461	467-468
12-단동-1	211-212	226-229	253	08-연동(민)-1	500-504	505-506	507-511
				10-광폭(민)-1	470-474	485-487	488-489
<과수비닐하우스>				10-광폭(민)-2	475-479	485-487	490-491
07-포도-1	361-371	382-389	398-400	10-광폭(민)-3	480-484	485-487	492-493
10-포도-1	372-381	390-397	401-403				
08-감귤-1	405-417	418-425	426-428				
<간이버섯재배사>							
08-버섯-1	513-521	532-541	542-545				
08-버섯-2	522-531	532-541	542-545				

○ **전주시** (적설심 26cm, 풍속 30m/s)

규격명	설계도·시방서 쪽 번호			규격명	설계도·시방서 쪽 번호		
	설계도면	시방서	자재내역		설계도면	시방서	자재내역
<연동비닐하우스>				<철재인삼재배시설>			
07-연동-1	36-52	53-59	60-63	07-철인-A	551	558	550
08-연동-1	66-78	79-85	86-89	07-철인-A-1	553	558	552
10-연동-1	91-106	107-112	113-115	07-철인-A-2	555	558	554
10-연동-2	117-133	134-139	140-143	07-철인-A-3	557	558	556
12-연동-1	145-162	163-168	169-173	13-철인-W	560	561	559
<단동비닐하우스>				<목재인삼재배시설>			
07-단동-1	175-176	213-216	230	13-목인-A	565	-	564
07-단동-2	177-178	213-216	231	13-목인-A-1	567	574	566
07-단동-3	179-180	213-216	232	13-목인-A-2	569	574	568
07-단동-4	181-182	213-216	233	13-목인-A-3	571	574	570
10-단동-1	183-184	213-216	234	13-목인-A-4	573	574	572
10-단동-2	185-186	213-216	235	13-목인-B	576	-	575
10-단동-3	187-188	213-216	236	13-목인-B-1	578	-	577
10-단동-4	189-190	213-216	237	13-목인-B-2	580	-	579
10-단동-5	191-192	213-216	238	13-목인-B-3	582	-	581
10-단동-6	193-194	217-219	239-240	13-목인-B-4	584	-	583
10-단동-7	195-196	217-219	241-242	13-목인-C	586	-	585
10-단동-9	199-200	217-219	245-246	13-목인-C-1	588	595	587
07-단동-18	209-210	213-216	252	13-목인-C-2	590	595	589
12-단동-1	211-212	226-229	253	<민간개발규격>			
<광폭비닐하우스>				07-단동(민)-4	443-449	460-461	465
10-광폭-1	255-264	275-282	283-284	08-단동(민)-1	495-499	505-506	507-511
10-광폭-2	265-274	275-282	285-286	07-연동(민)-1	450-459	460-461	467-468
				08-연동(민)-1	500-504	505-506	507-511
<과수비닐하우스>				10-광폭(민)-1	470-474	485-487	488-489
07-포도-1	361-371	382-389	398-400	10-광폭(민)-2	475-479	485-487	490-491
10-포도-1	372-381	390-397	401-403	10-광폭(민)-3	480-484	485-487	492-493
08-감귤-1	405-417	418-425	426-428				
<간이버섯재배사>							
08-버섯-1	513-521	532-541	542-545				
08-버섯-2	522-531	532-541	542-545				

○ 정읍시 (적설심 40cm, 풍속 26m/s)

규격명	설계도·시방서 쪽 번호			규격명	설계도·시방서 쪽 번호		
	설계도면	시방서	자재내역		설계도면	시방서	자재내역
<연동비닐하우스>				<철재인삼재배시설>			
07-연동-1	36-52	53-59	60-63	07-철인-A	551	558	550
08-연동-1	66-78	79-85	86-89	07-철인-A-1	553	558	552
10-연동-1	91-106	107-112	113-115				
10-연동-2	117-133	134-139	140-143				
12-연동-1	145-162	163-168	169-173	<목재인삼재배시설>			
				13-목인-A	565	-	564
<단동비닐하우스>				13-목인-A-1	567	574	566
07-단동-1	175-176	213-216	230	13-목인-B	576	-	575
07-단동-2	177-178	213-216	231	13-목인-B-1	578	-	577
07-단동-3	179-180	213-216	232	13-목인-C	586	-	585
07-단동-4	181-182	213-216	233				
10-단동-1	183-184	213-216	234	<민간개발규격>			
10-단동-2	185-186	213-216	235	07-단동(민)-4	443-449	460-461	465
10-단동-4	189-190	213-216	237	08-단동(민)-1	495-499	505-506	507-511
07-단동-18	209-210	213-216	252	07-연동(민)-1	450-459	460-461	467-468
12-단동-1	211-212	226-229	253	08-연동(민)-1	500-504	505-506	507-511
				10-광폭(민)-1	470-474	485-487	488-489
<과수비닐하우스>				10-광폭(민)-2	475-479	485-487	490-491
07-포도-1	361-371	382-389	398-400	10-광폭(민)-3	480-484	485-487	492-493
10-포도-1	372-381	390-397	401-403				
08-감귤-1	405-417	418-425	426-428				
<간이버섯재배사>							
08-버섯-1	513-521	532-541	542-545				
08-버섯-2	522-531	532-541	542-545				

○ **진안군** (적설심 34cm, 풍속 26m/s)

규격명	설계도·시방서 쪽 번호			규격명	설계도·시방서 쪽 번호		
	설계도면	시방서	자재내역		설계도면	시방서	자재내역
<연동비닐하우스>				<철재인삼재배시설>			
07-연동-1	36-52	53-59	60-63	07-철인-A	551	558	550
08-연동-1	66-78	79-85	86-89	07-철인-A-1	553	558	552
10-연동-1	91-106	107-112	113-115				
10-연동-2	117-133	134-139	140-143	<목재인삼재배시설>			
12-연동-1	145-162	163-168	169-173	13-목인-A	565	-	564
				13-목인-A-1	567	574	566
<단동비닐하우스>				13-목인-B	576	-	575
07-단동-1	175-176	213-216	230	13-목인-B-1	578	-	577
07-단동-2	177-178	213-216	231	13-목인-B-2	580	-	579
07-단동-3	179-180	213-216	232	13-목인-B-3	582	-	581
07-단동-4	181-182	213-216	233	13-목인-C	586	-	585
10-단동-1	183-184	213-216	234	13-목인-C-1	588	595	587
10-단동-2	185-186	213-216	235				
10-단동-3	187-188	213-216	236				
10-단동-4	189-190	213-216	237				
10-단동-5	191-192	213-216	238				
10-단동-10	201-202	220-225	247	<민간개발규격>			
10-단동-13	207-208	220-225	251	07-단동(민)-4	443-449	460-461	465
07-단동-18	209-210	213-216	252	08-단동(민)-1	495-499	505-506	507-511
12-단동-1	211-212	226-229	253	07-연동(민)-1	450-459	460-461	467-468
				08-연동(민)-1	500-504	505-506	507-511
<광폭비닐하우스>				10-광폭(민)-1	470-474	485-487	488-489
10-광폭-2	265-274	275-282	285-286	10-광폭(민)-2	475-479	485-487	490-491
				10-광폭(민)-3	480-484	485-487	492-493
<과수비닐하우스>							
07-포도-1	361-371	382-389	398-400				
10-포도-1	372-381	390-397	401-403				
08-감귤-1	405-417	418-425	426-428				
<간이버섯재배사>							
08-버섯-1	513-521	532-541	542-545				
08-버섯-2	522-531	532-541	542-545				

8. 충청남도

○ 계룡시 (적설심 32cm, 풍속 32m/s)

규격명	설계도·시방서 쪽 번호			규격명	설계도·시방서 쪽 번호		
	설계도면	시방서	자재내역		설계도면	시방서	자재내역
<연동비닐하우스>				<철재인삼재배시설>			
07-연동-1	36-52	53-59	60-63	07-철인-A	551	558	550
08-연동-1	66-78	79-85	86-89	07-철인-A-1	553	558	552
10-연동-1	91-106	107-112	113-115				
10-연동-2	117-133	134-139	140-143	<목재인삼재배시설>			
12-연동-1	145-162	163-168	169-173	13-목인-A	565	-	564
				13-목인-A-1	567	574	566
<단동비닐하우스>				13-목인-A-2	569	574	568
07-단동-1	175-176	213-216	230	13-목인-B	576	-	575
07-단동-2	177-178	213-216	231	13-목인-B-1	578	-	577
07-단동-3	179-180	213-216	232	13-목인-B-2	580	-	579
07-단동-4	181-182	213-216	233	13-목인-B-3	582	-	581
10-단동-1	183-184	213-216	234	13-목인-B-4	584	-	583
10-단동-2	185-186	213-216	235	13-목인-C	586	-	585
10-단동-3	187-188	213-216	236	13-목인-C-1	588	595	587
10-단동-4	189-190	213-216	237				
07-단동-18	209-210	213-216	252	<민간개발규격>			
12-단동-1	211-212	226-229	253	07-단동(민)-4	443-449	460-461	465
				08-단동(민)-1	495-499	505-506	507-511
<광폭비닐하우스>				07-연동(민)-1	450-459	460-461	467-468
10-광폭-1	255-264	275-282	283-284	08-연동(민)-1	500-504	505-506	507-511
10-광폭-2	265-274	275-282	285-286	10-광폭(민)-1	470-474	485-487	488-489
				10-광폭(민)-2	475-479	485-487	490-491
<과수비닐하우스>				10-광폭(민)-3	480-484	485-487	492-493
07-포도-1	361-371	382-389	398-400				
10-포도-1	372-381	390-397	401-403				
08-감귤-1	405-417	418-425	426-428				
<간이버섯재배사>							
08-버섯-1	513-521	532-541	542-545				
08-버섯-2	522-531	532-541	542-545				

○ **공주시** (적설심 28cm, 풍속 28m/s)

규격명	설계도·시방서 쪽 번호			규격명	설계도·시방서 쪽 번호		
	설계도면	시방서	자재내역		설계도면	시방서	자재내역
<연동비닐하우스>				<철재인삼재배시설>			
07-연동-1	36-52	53-59	60-63	07-철인-A	551	558	550
08-연동-1	66-78	79-85	86-89	07-철인-A-1	553	558	552
10-연동-1	91-106	107-112	113-115				
10-연동-2	117-133	134-139	140-143	<목재인삼재배시설>			
12-연동-1	145-162	163-168	169-173	13-목인-A	565	-	564
				13-목인-A-1	567	574	566
<단동비닐하우스>				13-목인-A-2	569	574	568
07-단동-1	175-176	213-216	230	13-목인-A-3	571	574	570
07-단동-2	177-178	213-216	231	13-목인-B	576	-	575
07-단동-3	179-180	213-216	232	13-목인-B-1	578	-	577
07-단동-4	181-182	213-216	233	13-목인-B-2	580	-	579
10-단동-1	183-184	213-216	234	13-목인-B-3	582	-	581
10-단동-2	185-186	213-216	235	13-목인-B-4	584	-	583
10-단동-3	187-188	213-216	236	13-목인-C	586	-	585
10-단동-4	189-190	213-216	237	13-목인-C-1	588	595	587
10-단동-5	191-192	213-216	238				
10-단동-6	193-194	217-219	239-240	<민간개발규격>			
10-단동-10	201-202	220-225	247	07-단동(민)-4	443-449	460-461	465
10-단동-13	207-208	220-225	251	08-단동(민)-1	495-499	505-506	507-511
07-단동-18	209-210	213-216	252	07-연동(민)-1	450-459	460-461	467-468
12-단동-1	211-212	226-229	253	08-연동(민)-1	500-504	505-506	507-511
				10-광폭(민)-1	470-474	485-487	488-489
<광폭비닐하우스>				10-광폭(민)-2	475-479	485-487	490-491
10-광폭-1	255-264	275-282	283-284	10-광폭(민)-3	480-484	485-487	492-493
10-광폭-2	265-274	275-282	285-286				
<과수비닐하우스>							
07-포도-1	361-371	382-389	398-400				
10-포도-1	372-381	390-397	401-403				
08-감귤-1	405-417	418-425	426-428				
<간이버섯재배사>							
08-버섯-1	513-521	532-541	542-545				
08-버섯-2	522-531	532-541	542-545				

○ 금산군 (적설심 26cm, 풍속 24m/s)

규격명	설계도·시방서 쪽 번호			규격명	설계도·시방서 쪽 번호		
	설계도면	시방서	자재내역		설계도면	시방서	자재내역
<연동비닐하우스>				<철재인삼재배시설>			
07-연동-1	36-52	53-59	60-63	07-철인-A	551	558	550
08-연동-1	66-78	79-85	86-89	07-철인-A-1	553	558	552
10-연동-1	91-106	107-112	113-115	07-철인-A-2	555	558	554
10-연동-2	117-133	134-139	140-143	07-철인-A-3	557	558	556
12-연동-1	145-162	163-168	169-173	13-철인-W	560	561	559
<단동비닐하우스>				<목재인삼재배시설>			
07-단동-1	175-176	213-216	230	13-목인-A	565	-	564
07-단동-2	177-178	213-216	231	13-목인-A-1	567	574	566
07-단동-3	179-180	213-216	232	13-목인-A-2	569	574	568
07-단동-4	181-182	213-216	233	13-목인-A-3	571	574	570
10-단동-1	183-184	213-216	234	13-목인-A-4	573	574	572
10-단동-2	185-186	213-216	235	13-목인-B	576	-	575
10-단동-3	187-188	213-216	236	13-목인-B-1	578	-	577
10-단동-4	189-190	213-216	237	13-목인-B-2	580	-	579
10-단동-5	191-192	213-216	238	13-목인-B-3	582	-	581
10-단동-6	193-194	217-219	239-240	13-목인-B-4	584	-	583
10-단동-7	195-196	217-219	241-242	13-목인-C	586	-	585
10-단동-9	199-200	217-219	245-246	13-목인-C-1	588	595	587
10-단동-10	201-202	220-225	247	13-목인-C-2	590	595	589
10-단동-11	203-204	220-225	248-249				
10-단동-12	205-206	220-225	250	<민간개발규격>			
10-단동-13	207-208	220-225	251	07-단동(민)-2	433-437	460-461	463
07-단동-18	209-210	213-216	252	07-단동(민)-3	438-442	460-461	464
12-단동-1	211-212	226-229	253	07-단동(민)-4	443-449	460-461	465
				08-단동(민)-1	495-499	505-506	507-511
<광폭비닐하우스>				07-연동(민)-1	450-459	460-461	467-468
10-광폭-1	255-264	275-282	283-284	08-연동(민)-1	500-504	505-506	507-511
10-광폭-2	265-274	275-282	285-286	10-광폭(민)-1	470-474	485-487	488-489
<과수비닐하우스>				10-광폭(민)-2	475-479	485-487	490-491
07-포도-1	361-371	382-389	398-400	10-광폭(민)-3	480-484	485-487	492-493
10-포도-1	372-381	390-397	401-403				
08-감귤-1	405-417	418-425	426-428				
<간이버섯재배사>							
08-버섯-1	513-521	532-541	542-545				
08-버섯-2	522-531	532-541	542-545				

○ 논산시 (적설심 28cm, 풍속 28m/s)

규격명	설계도 · 시방서 쪽 번호			규격명	설계도 · 시방서 쪽 번호		
	설계도면	시방서	자재내역		설계도면	시방서	자재내역
<연동비닐하우스>				<철재인삼재배시설>			
07-연동-1	36-52	53-59	60-63	07-철인-A	551	558	550
08-연동-1	66-78	79-85	86-89	07-철인-A-1	553	558	552
10-연동-1	91-106	107-112	113-115				
10-연동-2	117-133	134-139	140-143				
12-연동-1	145-162	163-168	169-173	<목재인삼재배시설>			
				13-목인-A	565	-	564
<단동비닐하우스>				13-목인-A-1	567	574	566
07-단동-1	175-176	213-216	230	13-목인-A-2	569	574	568
07-단동-2	177-178	213-216	231	13-목인-A-3	571	574	570
07-단동-3	179-180	213-216	232	13-목인-B	576	-	575
07-단동-4	181-182	213-216	233	13-목인-B-1	578	-	577
10-단동-1	183-184	213-216	234	13-목인-B-2	580	-	579
10-단동-2	185-186	213-216	235	13-목인-B-3	582	-	581
10-단동-3	187-188	213-216	236	13-목인-B-4	584	-	583
10-단동-4	189-190	213-216	237	13-목인-C	586	-	585
10-단동-5	191-192	213-216	238	13-목인-C-1	588	595	587
10-단동-6	193-194	217-219	239-240				
10-단동-10	201-202	220-225	247				
10-단동-13	207-208	213-216	251				
07-단동-18	209-210	213-216	252				
12-단동-1	211-212	226-229	253				
				<민간개발규격>			
<광폭비닐하우스>				07-단동(민)-4	443-449	460-461	465
10-광폭-1	255-264	275-282	283-284	08-단동(민)-1	495-499	505-506	507-511
10-광폭-2	265-274	275-282	285-286	07-연동(민)-1	450-459	460-461	467-468
<과수비닐하우스>				08-연동(민)-1	500-504	505-506	507-511
07-포도-1	361-371	382-389	398-400	10-광폭(민)-1	470-474	485-487	488-489
10-포도-1	372-381	390-397	401-403	10-광폭(민)-2	475-479	485-487	490-491
08-감귤-1	405-417	418-425	426-428	10-광폭(민)-3	480-484	485-487	492-493
<간이버섯재배사>							
08-버섯-1	513-521	532-541	542-545				
08-버섯-2	522-531	532-541	542-545				

○ 당진시 (적설심 28cm, 풍속 32m/s)

규격명	설계도·시방서 쪽 번호			규격명	설계도·시방서 쪽 번호		
	설계도면	시방서	자재내역		설계도면	시방서	자재내역
<연동비닐하우스>				<철재인삼재배시설>			
07-연동-1	36-52	53-59	60-63	07-철인-A	551	558	550
08-연동-1	66-78	79-85	86-89	07-철인-A-1	553	558	552
10-연동-1	91-106	107-112	113-115				
10-연동-2	117-133	134-139	140-143	<목재인삼재배시설>			
12-연동-1	145-162	163-168	169-173	13-목인-A	565	-	564
				13-목인-A-1	567	574	566
<단동비닐하우스>				13-목인-A-2	569	574	568
07-단동-1	175-176	213-216	230	13-목인-A-3	571	574	570
07-단동-2	177-178	213-216	231	13-목인-B	576	-	575
07-단동-3	179-180	213-216	232	13-목인-B-1	578	-	577
07-단동-4	181-182	213-216	233	13-목인-B-2	580	-	579
10-단동-1	183-184	213-216	234	13-목인-B-3	582	-	581
10-단동-2	185-186	213-216	235	13-목인-B-4	584	-	583
10-단동-3	187-188	213-216	236	13-목인-C	586	-	585
10-단동-4	189-190	213-216	237	13-목인-C-1	588	595	587
10-단동-5	191-192	213-216	238				
10-단동-6	193-194	217-219	239-240	<민간개발규격>			
10-단동-7	195-196	217-219	241-242	07-단동(민)-4	443-449	460-461	465
07-단동-18	211-212	213-216	252	08-단동(민)-1	495-499	505-506	507-511
12-단동-1	211-212	226-229	253	07-연동(민)-1	450-459	460-461	467-468
				08-연동(민)-1	500-504	505-506	507-511
<광폭비닐하우스>				10-광폭(민)-1	470-474	485-487	488-489
10-광폭-1	255-264	275-282	283-284	10-광폭(민)-2	475-479	485-487	490-491
10-광폭-2	265-274	275-282	285-286	10-광폭(민)-3	480-484	485-487	492-493
<과수비닐하우스>							
07-포도-1	361-371	382-389	398-400				
10-포도-1	372-381	390-397	401-403				
08-감귤-1	405-417	418-425	426-428				
<간이버섯재배사>							
08-버섯-1	513-521	532-541	542-545				
08-버섯-2	522-531	532-541	542-545				

○ 보령시 (적설심 26cm, 풍속 34m/s)

규격명	설계도·시방서 쪽 번호			규격명	설계도·시방서 쪽 번호		
	설계도면	시방서	자재내역		설계도면	시방서	자재내역
<연동비닐하우스>				<철재인삼재배시설>			
07-연동-1	36-52	53-59	60-63	07-철인-A	551	558	550
08-연동-1	66-78	79-85	86-89	07-철인-A-1	553	558	552
10-연동-1	91-106	107-112	113-115	07-철인-A-2	555	558	554
10-연동-2	117-133	134-139	140-143	07-철인-A-3	557	558	556
12-연동-1	145-162	163-168	169-173	13-철인-W	560	561	559
<단동비닐하우스>				<목재인삼재배시설>			
07-단동-1	175-176	213-216	230	13-목인-A	565	-	564
07-단동-2	177-178	213-216	231	13-목인-A-1	567	574	566
07-단동-3	179-180	213-216	232	13-목인-A-2	569	574	568
07-단동-4	181-182	213-216	233	13-목인-A-3	571	574	570
10-단동-2	185-186	213-216	235	13-목인-A-4	573	574	572
10-단동-4	189-190	213-216	237	13-목인-B	576	-	575
10-단동-6	193-194	217-219	239-240	13-목인-B-1	578	-	577
10-단동-7	195-196	217-219	241-242	13-목인-B-2	580	-	579
10-단동-9	199-200	217-219	245-246	13-목인-B-3	582	-	581
07-단동-18	209-210	213-216	252	13-목인-B-4	584	-	583
12-단동-1	211-212	226-229	253	13-목인-C	586	-	585
				13-목인-C-1	588	595	587
<광폭비닐하우스>				13-목인-C-2	590	595	589
10-광폭-1	255-264	275-282	283-284				
10-광폭-2	265-274	275-282	285-286	<민간개발규격>			
				07-단동(민)-4	443-449	460-461	465
<과수비닐하우스>				08-단동(민)-1	495-499	505-506	507-511
07-포도-1	361-371	382-389	398-400	07-연동(민)-1	450-459	460-461	467-468
10-포도-1	372-381	390-397	401-403	10-광폭(민)-1	470-474	485-487	488-489
08-감귤-1	405-417	418-425	426-428	10-광폭(민)-2	475-479	485-487	490-491
				10-광폭(민)-3	480-484	485-487	492-493
<간이버섯재배사>							
08-버섯-1	513-521	532-541	542-545				
08-버섯-2	522-531	532-541	542-545				

○ 부여군 (적설심 26cm, 풍속 28m/s)

규격명	설계도·시방서 쪽 번호			규격명	설계도·시방서 쪽 번호		
	설계도면	시방서	자재내역		설계도면	시방서	자재내역
<연동비닐하우스>				<철재인삼재배시설>			
07-연동-1	36-52	53-59	60-63	07-철인-A	551	558	550
08-연동-1	66-78	79-85	86-89	07-철인-A-1	553	558	552
10-연동-1	91-106	107-112	113-115	07-철인-A-2	555	558	554
10-연동-2	117-133	134-139	140-143	07-철인-A-3	557	558	556
12-연동-1	145-162	163-168	169-173	13-철인-W	560	561	559
<단동비닐하우스>				<목재인삼재배시설>			
07-단동-1	175-176	213-216	230	13-목인-A	565	-	564
07-단동-2	177-178	213-216	231	13-목인-A-1	567	574	566
07-단동-3	179-180	213-216	232	13-목인-A-2	569	574	568
07-단동-4	181-182	213-216	233	13-목인-A-3	571	574	570
10-단동-1	183-184	213-216	234	13-목인-A-4	573	574	572
10-단동-2	185-186	213-216	235	13-목인-B	576	-	575
10-단동-3	187-188	213-216	236	13-목인-B-1	578	-	577
10-단동-4	189-190	213-216	237	13-목인-B-2	580	-	579
10-단동-5	191-192	213-216	238	13-목인-B-3	582	-	581
10-단동-6	193-194	217-219	239-240	13-목인-B-4	584	-	583
10-단동-7	195-196	217-219	241-242	13-목인-C	586	-	585
10-단동-9	199-200	217-219	245-246	13-목인-C-1	588	595	587
10-단동-10	201-202	220-225	247	13-목인-C-2	590	595	589
10-단동-13	207-208	220-225	251				
07-단동-18	209-210	213-216	252				
12-단동-1	211-212	226-229	253				
<광폭비닐하우스>				<민간개발규격>			
10-광폭-1	255-264	275-282	283-284	07-단동(민)-4	443-449	460-461	465
10-광폭-2	265-274	275-282	285-286	08-단동(민)-1	495-499	505-506	507-511
				07-연동(민)-1	450-459	460-461	467-468
<과수비닐하우스>				08-연동(민)-1	500-504	505-506	507-511
07-포도-1	361-371	382-389	398-400	10-광폭(민)-1	470-474	485-487	488-489
10-포도-1	372-381	390-397	401-403	10-광폭(민)-2	475-479	485-487	490-491
08-감귤-1	405-417	418-425	426-428	10-광폭(민)-3	480-484	485-487	492-493
<간이버섯재배사>							
08-버섯-1	513-521	532-541	542-545				
08-버섯-2	522-531	532-541	542-545				

○ **서산시** (적설심 30cm, 풍속 34m/s)

규격명	설계도·시방서 쪽 번호			규격명	설계도·시방서 쪽 번호		
	설계도면	시방서	자재내역		설계도면	시방서	자재내역
<연동비닐하우스>				<철재인삼재배시설>			
07-연동-1	36-52	53-59	60-63	07-철인-A	551	558	550
08-연동-1	66-78	79-85	86-89	07-철인-A-1	553	558	552
10-연동-1	91-106	107-112	113-115				
10-연동-2	117-133	134-139	140-143	<목재인삼재배시설>			
12-연동-1	145-162	163-168	169-173	13-목인-A	565	-	564
				13-목인-A-1	567	574	566
<단동비닐하우스>				13-목인-A-2	569	574	568
07-단동-1	175-176	213-216	230	13-목인-B	576	-	575
07-단동-2	177-178	213-216	231	13-목인-B-1	578	-	577
07-단동-3	179-180	213-216	232	13-목인-B-2	580	-	579
07-단동-4	181-182	213-216	233	13-목인-B-3	582	-	581
10-단동-2	185-186	213-216	235	13-목인-B-4	584	-	583
10-단동-4	189-190	213-216	237	13-목인-C	586	-	585
07-단동-18	209-210	213-216	252	13-목인-C-1	588	595	587
12-단동-1	211-212	226-229	253				
				<민간개발규격>			
<광폭비닐하우스>				07-단동(민)-4	443-449	460-461	465
10-광폭-1	255-264	275-282	283-284	08-단동(민)-1	495-499	505-506	507-511
10-광폭-2	265-274	275-282	285-286	07-연동(민)-1	450-459	460-461	467-468
				10-광폭(민)-1	470-474	485-487	488-489
<과수비닐하우스>				10-광폭(민)-2	475-479	485-487	490-491
07-포도-1	361-371	382-389	398-400	10-광폭(민)-3	480-484	485-487	492-493
10-포도-1	372-381	390-397	401-403				
08-감귤-1	405-417	418-425	426-428				
<간이버섯재배사>							
08-버섯-1	513-521	532-541	542-545				
08-버섯-2	522-531	532-541	542-545				

○ 서천시 (적설심 32cm, 풍속 36m/s)

규격명	설계도·시방서 쪽 번호			규격명	설계도·시방서 쪽 번호		
	설계도면	시방서	자재내역		설계도면	시방서	자재내역
<연동비닐하우스>				<철재인삼재배시설>			
07-연동-1	36-52	53-59	60-63	07-철인-A	551	558	550
08-연동-1	66-78	79-85	86-89	07-철인-A-1	553	558	552
10-연동-1	91-106	107-112	113-115				
10-연동-2	117-133	134-139	140-143	<목재인삼재배시설>			
12-연동-1	145-162	163-168	169-173	13-목인-A	565	-	564
				13-목인-A-1	567	574	566
<단동비닐하우스>				13-목인-A-2	569	574	568
07-단동-3	179-180	213-216	232	13-목인-B	576	-	575
07-단동-4	181-182	213-216	233	13-목인-B-1	578	-	577
10-단동-10	201-202	220-225	247	13-목인-B-2	580	-	579
12-단동-1	211-212	226-229	253	13-목인-B-3	582	-	581
				13-목인-B-4	584	-	583
<광폭비닐하우스>				13-목인-C	586	-	585
10-광폭-1	255-264	275-282	283-284	13-목인-C-1	588	595	587
10-광폭-2	265-274	275-282	285-286				
				<민간개발규격>			
<과수비닐하우스>				10-광폭(민)-1	470-474	485-487	488-489
08-감귤-1	405-417	418-425	426-428				
<간이버섯재배사>							
08-버섯-1	513-521	532-541	542-545				
08-버섯-2	522-531	532-541	542-545				

○ **아산시** (적설심 26cm, 풍속 28m/s)

규격명	설계도·시방서 쪽 번호			규격명	설계도·시방서 쪽 번호		
	설계도면	시방서	자재내역		설계도면	시방서	자재내역
<연동비닐하우스>				<철재인삼재배시설>			
07-연동-1	36-52	53-59	60-63	07-철인-A	551	558	550
08-연동-1	66-78	79-85	86-89	07-철인-A-1	553	558	552
10-연동-1	91-106	107-112	113-115	07-철인-A-2	555	558	554
10-연동-2	117-133	134-139	140-143	07-철인-A-3	557	558	556
12-연동-1	145-162	163-168	169-173	13-철인-W	560	561	559
<단동비닐하우스>				<목재인삼재배시설>			
07-단동-1	175-176	213-216	230	113-목인-A	565	-	564
07-단동-2	177-178	213-216	231	13-목인-A-1	567	574	566
07-단동-3	179-180	213-216	232	13-목인-A-2	569	574	568
07-단동-4	181-182	213-216	233	13-목인-A-3	571	574	570
10-단동-1	183-184	213-216	234	13-목인-A-4	573	574	572
10-단동-2	185-186	213-216	235	13-목인-B	576	-	575
10-단동-3	187-188	213-216	236	13-목인-B-1	578	-	577
10-단동-4	189-190	213-216	237	13-목인-B-2	580	-	579
10-단동-5	191-192	213-216	238	13-목인-B-3	582	-	581
10-단동-6	193-194	217-219	239-240	13-목인-B-4	584	-	583
10-단동-7	195-196	217-219	241-242	13-목인-C	586	-	585
10-단동-9	199-200	217-219	245-246	13-목인-C-1	588	595	587
10-단동-10	201-202	220-225	247	13-목인-C-2	590	595	589
10-단동-13	207-208	220-225	251				
07-단동-18	209-210	213-216	252	<민간개발규격>			
12-단동-1	211-212	226-229	253	07-단동(민)-4	443-449	460-461	465
<광폭비닐하우스>				08-단동(민)-1	495-499	505-506	507-511
10-광폭-1	255-264	275-282	283-284	07-연동(민)-1	450-459	460-461	467-468
10-광폭-2	265-274	275-282	285-286	08-연동(민)-1	500-504	505-506	507-511
<과수비닐하우스>				10-광폭(민)-1	470-474	485-487	488-489
07-포도-1	361-371	382-389	398-400	10-광폭(민)-2	475-479	485-487	490-491
10-포도-1	372-381	390-397	401-403	10-광폭(민)-3	480-484	485-487	492-493
08-감귤-1	405-417	418-425	426-428				
<간이버섯재배사>							
08-버섯-1	513-521	532-541	542-545				
08-버섯-2	522-531	532-541	542-545				

○ 예산군 (적설심 26cm, 풍속 30m/s)

규격명	설계도·시방서 쪽 번호			규격명	설계도·시방서 쪽 번호		
	설계도면	시방서	자재내역		설계도면	시방서	자재내역
<연동비닐하우스>				<철재인삼재배시설>			
07-연동-1	36-52	53-59	60-63	07-철인-A	551	558	550
08-연동-1	66-78	79-85	86-89	07-철인-A-1	553	558	552
10-연동-1	91-106	107-112	113-115	07-철인-A-2	555	558	554
10-연동-2	117-133	134-139	140-143	07-철인-A-3	557	558	556
12-연동-1	145-162	163-168	169-173	13-철인-W	560	561	559
<단동비닐하우스>				<목재인삼재배시설>			
07-단동-1	175-176	213-216	230	13-목인-A	565	-	564
07-단동-2	177-178	213-216	231	13-목인-A-1	567	574	566
07-단동-3	179-180	213-216	232	13-목인-A-2	569	574	568
07-단동-4	181-182	213-216	233	13-목인-A-3	571	574	570
10-단동-1	183-184	213-216	234	13-목인-A-4	573	574	572
10-단동-2	185-186	213-216	235	13-목인-B	576	-	575
10-단동-3	187-188	213-216	236	13-목인-B-1	578	-	577
10-단동-4	189-190	213-216	237	13-목인-B-2	580	-	579
10-단동-5	191-192	213-216	238	13-목인-B-3	582	-	581
10-단동-6	193-194	217-219	239-240	13-목인-B-4	584	-	583
10-단동-7	195-196	217-219	241-242	13-목인-C	586	-	585
10-단동-9	199-200	217-219	245-246	13-목인-C-1	588	595	587
07-단동-18	209-210	213-216	252	13-목인-C-2	590	595	589
12-단동-1	211-212	226-229	253				
<광폭비닐하우스>				<민간개발규격>			
10-광폭-1	255-264	275-282	283-284	07-단동(민)-4	443-449	460-461	465
10-광폭-2	265-274	275-282	285-286	08-단동(민)-1	495-499	505-506	507-511
				07-연동(민)-1	450-459	460-461	467-468
<과수비닐하우스>				08-연동(민)-1	500-504	505-506	507-511
07-포도-1	361-371	382-389	398-400	10-광폭(민)-1	470-474	485-487	488-489
10-포도-1	372-381	390-397	401-403	10-광폭(민)-2	475-479	485-487	490-491
08-감귤-1	405-417	418-425	426-428	10-광폭(민)-3	480-484	485-487	492-493
<간이버섯재배사>							
08-버섯-1	513-521	532-541	542-545				
08-버섯-2	522-531	532-541	542-545				

○ 천안시 (적설심 26cm, 풍속 28m/s)

규격명	설계도·시방서 쪽 번호			규격명	설계도·시방서 쪽 번호		
	설계도면	시방서	자재내역		설계도면	시방서	자재내역
<연동비닐하우스>				<철재인삼재배시설>			
07-연동-1	36-52	53-59	60-63	07-철인-A	551	558	550
08-연동-1	66-78	79-85	86-89	07-철인-A-1	553	558	552
10-연동-1	91-106	107-112	113-115	07-철인-A-2	555	558	554
10-연동-2	117-133	134-139	140-143	07-철인-A-3	557	558	556
12-연동-1	145-162	163-168	169-173	13-철인-W	560	561	559
<단동비닐하우스>				<목재인삼재배시설>			
07-단동-1	175-176	213-216	230	13-목인-A	565	-	564
07-단동-2	177-178	213-216	231	13-목인-A-1	567	574	566
07-단동-3	179-180	213-216	232	13-목인-A-2	569	574	568
07-단동-4	181-182	213-216	233	13-목인-A-3	571	574	570
10-단동-1	183-184	213-216	234	13-목인-A-4	573	574	572
10-단동-2	185-186	213-216	235	13-목인-B	576	-	575
10-단동-3	187-188	213-216	236	13-목인-B-1	578	-	577
10-단동-4	189-190	213-216	237	13-목인-B-2	580	-	579
10-단동-5	191-192	213-216	238	13-목인-B-3	582	-	581
10-단동-6	193-194	217-219	239-240	13-목인-B-4	584	-	583
10-단동-7	195-196	217-219	241-242	13-목인-C	586	-	585
10-단동-9	199-200	217-219	245-246	13-목인-C-1	588	595	587
10-단동-10	201-202	220-225	247	13-목인-C-2	590	595	589
10-단동-13	207-208	220-225	251				
07-단동-18	209-210	213-216	252	<민간개발규격>			
12-단동-1	211-212	226-229	253	07-단동(민)-4	443-449	460-461	465
<광폭비닐하우스>				08-단동(민)-1	495-499	505-506	507-511
10-광폭-1	255-264	275-282	283-284	07-연동(민)-1	450-459	460-461	467-468
10-광폭-2	265-274	275-282	285-286	08-연동(민)-1	500-504	505-506	507-511
<과수비닐하우스>				10-광폭(민)-1	470-474	485-487	488-489
07-포도-1	361-371	382-389	398-400	10-광폭(민)-2	475-479	485-487	490-491
10-포도-1	372-381	390-397	401-403	10-광폭(민)-3	480-484	485-487	492-493
08-감귤-1	405-417	418-425	426-428				
<간이버섯재배사>							
08-버섯-1	513-521	532-541	542-545				
08-버섯-2	522-531	532-541	542-545				

○ 청양군 (적설심 26cm, 풍속 30m/s)

규격명	설계도·시방서 쪽 번호			규격명	설계도·시방서 쪽 번호		
	설계도면	시방서	자재내역		설계도면	시방서	자재내역
<연동비닐하우스>				<철재인삼재배시설>			
07-연동-1	36-52	53-59	60-63	07-철인-A	551	558	550
08-연동-1	66-78	79-85	86-89	07-철인-A-1	553	558	552
10-연동-1	91-106	107-112	113-115	07-철인-A-2	555	558	554
10-연동-2	117-133	134-139	140-143	07-철인-A-3	557	558	556
12-연동-1	145-162	163-168	169-173	13-철인-W	560	561	559
<단동비닐하우스>				<목재인삼재배시설>			
07-단동-1	175-176	213-216	230	13-목인-A	565	-	564
07-단동-2	177-178	213-216	231	13-목인-A-1	567	574	566
07-단동-3	179-180	213-216	232	13-목인-A-2	569	574	568
07-단동-4	181-182	213-216	233	13-목인-A-3	571	574	570
10-단동-1	183-184	213-216	234	13-목인-A-4	573	574	572
10-단동-2	185-186	213-216	235	13-목인-B	576	-	575
10-단동-3	187-188	213-216	236	13-목인-B-1	578	-	577
10-단동-4	189-190	213-216	237	13-목인-B-2	580	-	579
10-단동-5	191-192	213-216	238	13-목인-B-3	582	-	581
10-단동-6	193-194	217-219	239-240	13-목인-B-4	584	-	583
10-단동-7	195-196	217-219	241-242	13-목인-C	586	-	585
10-단동-9	199-200	217-219	245-246	13-목인-C-1	588	595	587
07-단동-18	209-210	213-216	252	13-목인-C-2	590	595	589
12-단동-1	211-212	226-229	253				
<광폭비닐하우스>				<민간개발규격>			
10-광폭-1	255-264	275-282	283-284	07-단동(민)-4	443-449	460-461	465
10-광폭-2	265-274	275-282	285-286	08-단동(민)-1	495-499	505-506	507-511
<과수비닐하우스>				07-연동(민)-1	450-459	460-461	467-468
07-포도-1	361-371	382-389	398-400	08-연동(민)-1	500-504	505-506	507-511
10-포도-1	372-381	390-397	401-403	10-광폭(민)-1	470-474	485-487	488-489
08-감귤-1	405-417	418-425	426-428	10-광폭(민)-2	475-479	485-487	490-491
				10-광폭(민)-3	480-484	485-487	492-493
<간이버섯재배사>							
08-버섯-1	513-521	532-541	542-545				
08-버섯-2	522-531	532-541	542-545				

○ 태안군 (적설심 28cm, 풍속 34m/s)

규격명	설계도·시방서 쪽 번호			규격명	설계도·시방서 쪽 번호		
	설계도면	시방서	자재내역		설계도면	시방서	자재내역
<연동비닐하우스>				<철재인삼재배시설>			
07-연동-1	36-52	53-59	60-63	07-철인-A	551	558	550
08-연동-1	66-78	79-85	86-89	07-철인-A-1	553	558	552
10-연동-1	91-106	107-112	113-115				
10-연동-2	117-133	134-139	140-143	<목재인삼재배시설>			
12-연동-1	145-162	163-168	169-173	13-목인-A	565	-	564
				13-목인-A-1	567	574	566
<단동비닐하우스>				13-목인-A-2	569	574	568
07-단동-1	175-176	213-216	230	13-목인-A-3	571	574	570
07-단동-2	177-178	213-216	231	13-목인-B	576	-	575
07-단동-3	179-180	213-216	232	13-목인-B-1	578	-	577
07-단동-4	181-182	213-216	233	13-목인-B-2	580	-	579
10-단동-2	185-186	213-216	235	13-목인-B-3	582	-	581
10-단동-4	189-190	213-216	237	13-목인-B-4	584	-	583
10-단동-6	193-194	217-219	239-240	13-목인-C	586	-	585
07-단동-18	209-210	213-216	252	13-목인-C-1	588	595	587
12-단동-1	211-212	226-229	253				
				<민간개발규격>			
<광폭비닐하우스>				07-단동(민)-4	443-449	460-461	465
10-광폭-1	255-264	275-282	283-284	08-단동(민)-1	495-499	505-506	507-511
10-광폭-2	265-274	275-282	285-286	07-연동(민)-1	450-459	460-461	467-468
				10-광폭(민)-1	470-474	485-487	488-489
<과수비닐하우스>				10-광폭(민)-2	475-479	485-487	490-491
07-포도-1	361-371	382-389	398-400	10-광폭(민)-3	480-484	485-487	492-493
10-포도-1	372-381	390-397	401-403				
08-감귤-1	405-417	418-425	426-428				
<간이버섯재배사>							
08-버섯-1	513-521	532-541	542-545				
08-버섯-2	522-531	532-541	542-545				

○ 홍성군 (적설심 26cm, 풍속 32m/s)

규격명	설계도 · 시방서 쪽 번호			규격명	설계도 · 시방서 쪽 번호		
	설계도면	시방서	자재내역		설계도면	시방서	자재내역
<연동비닐하우스>				<철재인삼재배시설>			
07-연동-1	36-52	53-59	60-63	07-철인-A	551	558	550
08-연동-1	66-78	79-85	86-89	07-철인-A-1	553	558	552
10-연동-1	91-106	107-112	113-115	07-철인-A-2	555	558	554
10-연동-2	117-133	134-139	140-143	07-철인-A-3	557	558	556
12-연동-1	145-162	163-168	169-173	13-철인-W	560	561	559
<단동비닐하우스>				<목재인삼재배시설>			
07-단동-1	175-176	213-216	230	13-목인-A	565	-	564
07-단동-2	177-178	213-216	231	13-목인-A-1	567	574	566
07-단동-3	179-180	213-216	232	13-목인-A-2	569	574	568
07-단동-4	181-182	213-216	233	13-목인-A-3	571	574	570
10-단동-1	183-184	213-216	234	13-목인-A-4	573	574	572
10-단동-2	185-186	213-216	235	13-목인-B	576	-	575
10-단동-3	187-188	213-216	236	13-목인-B-1	578	-	577
10-단동-4	189-190	213-216	237	13-목인-B-2	580	-	579
10-단동-5	191-192	213-216	238	13-목인-B-3	582	-	581
10-단동-6	193-194	217-219	239-240	13-목인-B-4	584	-	583
10-단동-7	195-196	217-219	241-242	13-목인-C	586	-	585
10-단동-9	199-200	217-219	245-246	13-목인-C-1	588	595	587
07-단동-18	209-210	213-216	252	13-목인-C-2	590	595	589
12-단동-1	211-212	226-229	253				
<광폭비닐하우스>				<민간개발규격>			
10-광폭-1	255-264	275-282	283-284	07-단동(민)-4	443-449	460-461	465
10-광폭-2	265-274	275-282	285-286	08-단동(민)-1	495-499	505-506	507-511
<과수비닐하우스>				07-연동(민)-1	450-459	460-461	467-468
07-포도-1	361-371	382-389	398-400	08-연동(민)-1	500-504	505-506	507-511
10-포도-1	372-381	390-397	401-403	10-광폭(민)-1	470-474	485-487	488-489
08-감귤-1	405-417	418-425	426-428	10-광폭(민)-2	475-479	485-487	490-491
				10-광폭(민)-3	480-484	485-487	492-493
<간이버섯재배사>							
08-버섯-1	513-521	532-541	542-545				
08-버섯-2	522-531	532-541	542-545				

9. 충청북도

○ 괴산군 (적설심 30cm, 풍속 26m/s)

규격명	설계도·시방서 쪽 번호			규격명	설계도·시방서 쪽 번호		
	설계도면	시방서	자재내역		설계도면	시방서	자재내역
<연동비닐하우스>				<철재인삼재배시설>			
07-연동-1	36-52	53-59	60-63	07-철인-A	551	558	550
08-연동-1	66-78	79-85	86-89	07-철인-A-1	553	558	552
10-연동-1	91-106	107-112	113-115				
10-연동-2	117-133	134-139	140-143	<목재인삼재배시설>			
12-연동-1	145-162	163-168	169-173	13-목인-A	565	-	564
				13-목인-A-1	567	574	566
<단동비닐하우스>				13-목인-A-2	569	574	568
07-단동-1	175-176	213-216	230	13-목인-B	576	-	575
07-단동-2	177-178	213-216	231	13-목인-B-1	578	-	577
07-단동-3	179-180	213-216	232	13-목인-B-2	580	-	579
07-단동-4	181-182	213-216	233	13-목인-B-3	582	-	581
10-단동-1	183-184	213-216	234	13-목인-B-4	584	-	583
10-단동-2	185-186	213-216	235	13-목인-C	586	-	585
10-단동-3	187-188	213-216	236	13-목인-C-1	588	595	587
10-단동-4	189-190	213-216	237				
10-단동-5	191-192	213-216	238	<민간개발규격>			
10-단동-10	201-202	220-225	247	07-단동(민)-4	443-449	460-461	465
10-단동-13	207-208	213-216	251	08-단동(민)-1	495-499	505-506	507-511
07-단동-18	209-210	213-216	252	07-연동(민)-1	450-459	460-461	467-468
12-단동-1	211-212	226-229	253	08-연동(민)-1	500-504	505-506	507-511
				10-광폭(민)-1	470-474	485-487	488-489
<광폭비닐하우스>				10-광폭(민)-2	475-479	485-487	490-491
10-광폭-1	255-264	275-282	283-284	10-광폭(민)-3	480-484	485-487	492-493
10-광폭-2	265-274	275-282	285-286				
<과수비닐하우스>							
07-포도-1	361-371	382-389	398-400				
10-포도-1	372-381	390-397	401-403				
08-감귤-1	405-417	418-425	426-428				
<간이버섯재배사>							
08-버섯-1	513-521	532-541	542-545				
08-버섯-2	522-531	532-541	542-545				

○ **단양군** (적설심 26cm, 풍속 30m/s)

규격명	설계도 · 시방서 쪽 번호			규격명	설계도 · 시방서 쪽 번호		
	설계도면	시방서	자재내역		설계도면	시방서	자재내역
<연동비닐하우스>				<철재인삼재배시설>			
07-연동-1	36-52	53-59	60-63	07-철인-A	551	558	550
08-연동-1	66-78	79-85	86-89	07-철인-A-1	553	558	552
10-연동-1	91-106	107-112	113-115	07-철인-A-2	555	558	554
10-연동-2	117-133	134-139	140-143	07-철인-A-3	557	558	556
12-연동-1	145-162	163-168	169-173	13-철인-W	560	561	559
<단동비닐하우스>				<목재인삼재배시설>			
07-단동-1	175-176	213-216	230	13-목인-A	565	-	564
07-단동-2	177-178	213-216	231	13-목인-A-1	567	574	566
07-단동-3	179-180	213-216	232	13-목인-A-2	569	574	568
07-단동-4	181-182	213-216	233	13-목인-A-3	571	574	570
10-단동-1	183-184	213-216	234	13-목인-A-4	573	574	572
10-단동-2	185-186	213-216	235	13-목인-B	576	-	575
10-단동-3	187-188	213-216	236	13-목인-B-1	578	-	577
10-단동-4	189-190	213-216	237	13-목인-B-2	580	-	579
10-단동-5	191-192	213-216	238	13-목인-B-3	582	-	581
10-단동-6	193-194	217-219	239-240	13-목인-B-4	584	-	583
10-단동-7	195-165	217-219	241-242	13-목인-C	586	-	585
10-단동-9	199-200	213-216	245-246	13-목인-C-1	588	595	587
07-단동-18	209-210	213-216	252	13-목인-C-2	590	595	589
12-단동-1	211-212	226-229	253				
<광폭비닐하우스>				<민간개발규격>			
10-광폭-1	255-264	275-282	283-284	07-단동(민)-4	443-449	460-461	465
10-광폭-2	265-274	275-282	285-286	08-단동(민)-1	495-499	505-506	507-511
				07-연동(민)-1	450-459	460-461	467-468
<과수비닐하우스>				08-연동(민)-1	500-504	505-506	507-511
07-포도-1	361-371	382-389	398-400	10-광폭(민)-1	470-474	485-487	488-489
10-포도-1	372-381	390-397	401-403	10-광폭(민)-2	475-479	485-487	490-491
08-감귤-1	405-417	418-425	426-428	10-광폭(민)-3	480-484	485-487	492-493
<간이버섯재배사>							
08-버섯-1	513-521	532-541	542-545				
08-버섯-2	522-531	532-541	542-545				

○ 보은군 (적설심 32cm, 풍속 24m/s)

규격명	설계도·시방서 쪽 번호			규격명	설계도·시방서 쪽 번호		
	설계도면	시방서	자재내역		설계도면	시방서	자재내역
<연동비닐하우스>				<철재인삼재배시설>			
07-연동-1	36-52	53-59	60-63	07-철인-A	551	558	550
08-연동-1	66-78	79-85	86-89	07-철인-A-1	553	558	552
10-연동-1	91-106	107-112	113-115				
10-연동-2	117-133	134-139	140-143	<목재인삼재배시설>			
12-연동-1	145-162	163-168	169-173	13-목인-A	565	-	564
				13-목인-A-1	567	574	566
<단동비닐하우스>				13-목인-A-2	569	574	568
07-단동-1	175-176	213-216	230	13-목인-B	576	-	575
07-단동-2	177-178	213-216	231	13-목인-B-1	578	-	577
07-단동-3	179-180	213-216	232	13-목인-B-2	580	-	579
07-단동-4	181-182	213-216	233	13-목인-B-3	582	-	581
10-단동-1	183-184	213-216	234	13-목인-B-4	584	-	583
10-단동-2	185-186	213-216	235	13-목인-C	586	-	585
10-단동-3	187-188	213-216	236	13-목인-C-1	588	595	587
10-단동-4	189-190	213-216	237				
07-단동-18	209-210	213-216	252	<민간개발규격>			
12-단동-1	211-212	226-229	253	07-단동(민)-2	433-447	460-461	463
				07-단동(민)-3	438-442	460-461	464
<광폭비닐하우스>				07-단동(민)-4	443-449	460-461	465
10-광폭-1	255-264	275-282	283-284	08-단동(민)-1	495-499	505-506	507-511
10-광폭-2	265-274	275-282	285-286	07-연동(민)-1	450-459	460-461	467-468
				08-연동(민)-1	500-504	505-506	507-511
<과수비닐하우스>				10-광폭(민)-1	470-474	485-487	488-489
07-포도-1	361-371	382-389	398-400	10-광폭(민)-2	475-479	485-487	490-491
10-포도-1	372-381	390-397	401-403	10-광폭(민)-3	480-484	485-487	492-493
08-감귤-1	405-417	418-425	426-428				
<간이버섯재배사>							
08-버섯-1	513-521	532-541	542-545				
08-버섯-2	522-531	532-541	542-545				

○ **영동군** (적설심 30cm, 풍속 28m/s)

규격명	설계도·시방서 쪽 번호			규격명	설계도·시방서 쪽 번호		
	설계도면	시방서	자재내역		설계도면	시방서	자재내역
<연동비닐하우스>				<철재인삼재배시설>			
07-연동-1	36-52	53-59	60-63	07-철인-A	551	558	550
08-연동-1	66-78	79-85	86-89	07-철인-A-1	553	558	552
10-연동-1	91-106	107-112	113-115				
10-연동-2	117-133	134-139	140-143				
12-연동-1	145-162	163-168	169-173	<목재인삼재배시설>			
				13-목인-A	565	-	564
<단동비닐하우스>				13-목인-A-1	567	574	566
07-단동-1	175-176	213-216	230	13-목인-A-2	569	574	568
07-단동-2	177-178	213-216	231	13-목인-B	576	-	575
07-단동-3	179-180	213-216	232	13-목인-B-1	578	-	577
07-단동-4	181-182	213-216	233	13-목인-B-2	580	-	579
10-단동-1	183-184	213-216	234	13-목인-B-3	582	-	581
10-단동-2	185-186	213-216	235	13-목인-B-4	584	-	583
10-단동-3	187-188	213-216	236	13-목인-C	586	-	585
10-단동-4	189-190	213-216	237	13-목인-C-1	588	595	587
10-단동-5	191-192	213-216	238				
10-단동-10	201-202	220-225	247	<민간개발규격>			
10-단동-13	207-208	220-225	251	07-단동(민)-4	443-449	460-461	465
07-단동-18	209-210	213-216	252	08-단동(민)-1	495-499	505-506	507-511
12-단동-1	211-212	226-229	253	07-연동(민)-1	450-459	460-461	467-468
				08-연동(민)-1	500-504	505-506	507-511
<광폭비닐하우스>				10-광폭(민)-1	470-474	485-487	488-489
10-광폭-1	255-264	275-282	283-284	10-광폭(민)-2	475-479	485-487	490-491
10-광폭-2	265-274	275-282	285-286	10-광폭(민)-3	480-484	485-487	492-493
<과수비닐하우스>							
07-포도-1	361-371	382-389	398-400				
10-포도-1	372-381	390-397	401-403				
08-감귤-1	405-417	418-425	426-428				
<간이버섯재배사>							
08-버섯-1	513-521	532-541	542-545				
08-버섯-2	522-531	532-541	542-545				

○ 옥천군 (적설심 30cm, 풍속 28m/s)

규격명	설계도·시방서 쪽 번호			규격명	설계도·시방서 쪽 번호		
	설계도면	시방서	자재내역		설계도면	시방서	자재내역
<연동비닐하우스>				<철재인삼재배시설>			
07-연동-1	36-52	53-59	60-63	07-철인-A	551	558	550
08-연동-1	66-78	79-85	86-89	07-철인-A-1	553	558	552
10-연동-1	91-106	107-112	113-115				
10-연동-2	117-133	134-139	140-143	<목재인삼재배시설>			
12-연동-1	145-162	163-168	169-173	13-목인-A	565	-	564
<단동비닐하우스>				13-목인-A-1	567	574	566
07-단동-1	175-176	213-216	230	13-목인-A-2	569	574	568
07-단동-2	177-178	213-216	231	13-목인-B	576	-	575
07-단동-3	179-180	213-216	232	13-목인-B-1	578	-	577
07-단동-4	181-182	213-216	233	13-목인-B-2	580	-	579
10-단동-1	183-184	213-216	234	13-목인-B-3	582	-	581
10-단동-2	185-186	213-216	235	13-목인-B-4	584	-	583
10-단동-3	187-188	213-216	236	13-목인-C	586	-	585
10-단동-4	189-190	213-216	237	13-목인-C-1	588	595	587
10-단동-5	191-192	213-216	238				
10-단동-10	201-202	220-225	247	<민간개발규격>			
10-단동-13	207-208	220-225	251				
07-단동-18	209-210	213-216	252	07-단동(민)-4	443-449	460-461	465
12-단동-1	211-212	226-229	253	08-단동(민)-1	495-499	505-506	507-511
<광폭비닐하우스>				07-연동(민)-1	450-459	460-461	467-468
10-광폭-1	255-264	275-282	283-284	08-연동(민)-1	500-504	505-506	507-511
10-광폭-2	265-274	275-282	285-286	10-광폭(민)-1	470-474	485-487	488-489
				10-광폭(민)-2	475-479	485-487	490-491
<과수비닐하우스>				10-광폭(민)-3	480-484	485-487	492-493
07-포도-1	361-371	382-389	398-400				
10-포도-1	372-381	390-397	401-403				
08-감귤-1	405-417	418-425	426-428				
<간이버섯재배사>							
08-버섯-1	513-521	532-541	542-545				
08-버섯-2	522-531	532-541	542-545				

○ **음성군** (적설심 28cm, 풍속 26m/s)

규격명	설계도・시방서 쪽 번호			규격명	설계도・시방서 쪽 번호		
	설계도면	시방서	자재내역		설계도면	시방서	자재내역
<연동비닐하우스>				<철재인삼재배시설>			
07-연동-1	36-52	53-59	60-63	07-철인-A	551	558	550
08-연동-1	66-78	79-85	86-89	07-철인-A-1	553	558	552
10-연동-1	91-106	107-112	113-115				
10-연동-2	117-133	134-139	140-143	<목재인삼재배시설>			
12-연동-1	145-162	163-168	169-173	13-목인-A	565	-	564
				13-목인-A-1	567	574	566
<단동비닐하우스>				13-목인-A-2	569	574	568
07-단동-1	175-176	213-216	230	13-목인-A-3	571	574	570
07-단동-2	177-178	213-216	231	13-목인-B	576	-	575
07-단동-3	179-180	213-216	232	13-목인-B-1	578	-	577
07-단동-4	181-182	213-216	233	13-목인-B-2	580	-	579
10-단동-1	183-184	213-216	234	13-목인-B-3	582	-	581
10-단동-2	185-186	213-216	235	13-목인-B-4	584	-	583
10-단동-3	187-188	213-216	236	13-목인-C	586	-	585
10-단동-4	189-190	213-216	237	13-목인-C-1	588	595	587
10-단동-5	191-192	213-216	238				
10-단동-6	193-194	217-219	239-240	<민간개발규격>			
10-단동-10	201-202	220-225	247	07-단동(민)-4	443-449	460-461	465
10-단동-11	203-204	220-225	248-249	08-단동(민)-1	495-499	505-506	507-511
10-단동-13	207-208	220-225	251	07-연동(민)-1	450-459	460-461	467-468
07-단동-18	209-210	220-225	247	08-연동(민)-1	500-504	505-506	507-511
12-단동-1	211-212	226-229	253	10-광폭(민)-1	470-474	485-487	488-489
				10-광폭(민)-2	475-479	485-487	490-491
<광폭비닐하우스>				10-광폭(민)-3	480-484	485-487	492-493
10-광폭-1	255-264	275-282	283-284				
10-광폭-2	265-274	275-282	285-286				
<과수비닐하우스>							
07-포도-1	361-371	382-389	398-400				
10-포도-1	372-381	390-397	401-403				
08-감귤-1	405-417	418-425	426-428				
<간이버섯재배사>							
08-버섯-1	513-521	532-541	542-545				
08-버섯-2	522-531	532-541	542-545				

○ 제천시 (적설심 26cm, 풍속 26m/s)

규격명	설계도·시방서 쪽 번호			규격명	설계도·시방서 쪽 번호		
	설계도면	시방서	자재내역		설계도면	시방서	자재내역
<연동비닐하우스>				<철재인삼재배시설>			
07-연동-1	36-52	53-59	60-63	07-철인-A	551	558	550
08-연동-1	66-78	79-85	86-89	07-철인-A-1	553	558	552
10-연동-1	91-106	107-112	113-115	07-철인-A-2	555	558	554
10-연동-2	117-133	134-139	140-143	07-철인-A-3	557	558	556
12-연동-1	145-162	163-168	169-173	13-철인-W	560	561	559
<단동비닐하우스>				<목재인삼재배시설>			
07-단동-1	175-176	213-216	230	13-목인-A	565	-	564
07-단동-2	177-178	213-216	231	13-목인-A-1	567	574	566
07-단동-3	179-180	213-216	232	13-목인-A-2	569	574	568
07-단동-4	181-182	213-216	233	13-목인-A-3	571	574	570
10-단동-1	183-184	213-216	234	13-목인-A-4	573	574	572
10-단동-2	185-186	213-216	235	13-목인-B	576	-	575
10-단동-3	187-188	213-216	236	13-목인-B-1	578	-	577
10-단동-4	189-190	213-216	237	13-목인-B-2	580	-	579
10-단동-5	191-192	213-216	238	13-목인-B-3	582	-	581
10-단동-6	193-194	217-219	239-240	13-목인-B-4	584	-	583
10-단동-7	195-196	217-219	241-242	13-목인-C	586	-	585
10-단동-9	199-200	217-219	245-246	13-목인-C-1	588	595	587
10-단동-10	201-202	220-225	247	13-목인-C-2	590	595	589
10-단동-11	203-204	220-225	248-249				
10-단동-12	205-206	220-225	250				
10-단동-13	207-208	220-225	251				
07-단동-18	209-210	213-216	252				
12-단동-1	211-212	226-229	253				
<광폭비닐하우스>				<민간개발규격>			
10-광폭-1	255-264	275-282	283-284	07-단동(민)-4	443-449	460-461	465
10-광폭-2	265-274	275-282	285-286	08-단동(민)-1	495-499	505-506	507-511
<과수비닐하우스>				07-연동(민)-1	450-459	460-461	467-468
07-포도-1	361-371	382-389	398-400	08-연동(민)-1	500-504	505-506	507-511
10-포도-1	372-381	390-397	401-403	10-광폭(민)-1	470-474	485-487	488-489
08-감귤-1	405-417	418-425	426-428	10-광폭(민)-2	475-479	485-487	490-491
<간이버섯재배사>				10-광폭(민)-3	480-484	485-487	492-493
08-버섯-1	513-521	532-541	542-545				
08-버섯-2	522-531	532-541	542-545				

○ 증평군 (적설심 32cm, 풍속 26m/s)

규격명	설계도·시방서 쪽 번호			규격명	설계도·시방서 쪽 번호		
	설계도면	시방서	자재내역		설계도면	시방서	자재내역
<연동비닐하우스>				<철재인삼재배시설>			
07-연동-1	36-52	53-59	60-63	07-철인-A	551	558	550
08-연동-1	66-78	79-85	86-89	07-철인-A-1	553	558	552
10-연동-1	91-106	107-112	113-115				
10-연동-2	117-133	134-139	140-143	<목재인삼재배시설>			
12-연동-1	145-162	163-168	169-173	13-목인-A	565	-	564
<단동비닐하우스>				13-목인-A-1	567	574	566
07-단동-1	175-176	213-216	230	13-목인-A-2	569	574	568
07-단동-2	177-178	213-216	231	13-목인-B	576	-	575
07-단동-3	179-180	213-216	232	13-목인-B-1	578	-	577
07-단동-4	181-182	213-216	233	13-목인-B-2	580	-	579
10-단동-1	183-184	213-216	234	13-목인-B-3	582	-	581
10-단동-2	185-186	213-216	235	13-목인-B-4	584	-	583
10-단동-3	187-188	213-216	236	13-목인-C	586	-	585
10-단동-4	189-190	213-216	237	13-목인-C-1	588	595	587
07-단동-18	209-210	213-216	252				
12-단동-1	211-212	226-229	253	<민간개발규격>			
<광폭비닐하우스>				07-단동(민)-4	443-449	460-461	465
10-광폭-1	255-264	275-282	283-284	08-단동(민)-1	495-499	505-506	507-511
10-광폭-2	265-274	275-282	285-286	07-연동(민)-1	450-459	460-461	467-468
<과수비닐하우스>				08-연동(민)-1	500-504	505-506	507-511
07-포도-1	361-371	382-389	398-400	10-광폭(민)-1	470-474	485-487	488-489
10-포도-1	372-381	390-397	401-403	10-광폭(민)-2	475-479	485-487	490-491
08-감귤-1	405-417	418-425	426-428	10-광폭(민)-3	480-484	485-487	492-493
<간이버섯재배사>							
08-버섯-1	513-521	532-541	542-545				
08-버섯-2	522-531	532-541	542-545				

○ 진천군 (적설심 30cm, 풍속 26m/s)

규격명	설계도·시방서 쪽 번호			규격명	설계도·시방서 쪽 번호		
	설계도면	시방서	자재내역		설계도면	시방서	자재내역
<연동비닐하우스>				<철재인삼재배시설>			
07-연동-1	36-52	53-59	60-63	07-철인-A	551	558	550
08-연동-1	66-78	79-85	86-89	07-철인-A-1	553	558	552
10-연동-1	91-106	107-112	113-115				
10-연동-2	117-133	134-139	140-143	<목재인삼재배시설>			
12-연동-1	145-162	163-168	169-173	13-목인-A	565	-	564
				13-목인-A-1	567	574	566
<단동비닐하우스>				13-목인-A-2	569	574	568
07-단동-1	175-176	213-216	230	13-목인-B	576	-	575
07-단동-2	177-178	213-216	231	13-목인-B-1	578	-	577
07-단동-3	179-180	213-216	232	13-목인-B-2	580	-	579
07-단동-4	181-182	213-216	233	13-목인-B-3	582	-	581
10-단동-1	183-184	213-216	234	13-목인-B-4	584	-	583
10-단동-2	185-186	213-216	235	13-목인-C	586	-	585
10-단동-3	187-188	213-216	236	13-목인-C-1	588	595	587
10-단동-4	189-190	213-216	237				
10-단동-5	191-192	213-216	238	<민간개발규격>			
10-단동-10	201-202	220-225	247	07-단동(민)-4	443-449	460-461	465
10-단동-13	207-208	220-225	251	08-단동(민)-1	495-499	505-506	507-511
07-단동-18	209-210	213-216	252	07-연동(민)-1	450-459	460-461	467-468
12-단동-1	211-212	226-229	253	08-연동(민)-1	500-504	505-506	507-511
				10-광폭(민)-1	470-474	485-487	488-489
<광폭비닐하우스>				10-광폭(민)-2	475-479	485-487	490-491
10-광폭-1	255-264	275-282	283-284	10-광폭(민)-3	480-484	485-487	492-493
10-광폭-2	265-274	275-282	285-286				
<과수비닐하우스>							
07-포도-1	361-371	382-389	398-400				
10-포도-1	372-381	390-397	401-403				
08-감귤-1	405-417	418-425	426-428				
<간이버섯재배사>							
08-버섯-1	513-521	532-541	542-545				
08-버섯-2	522-531	532-541	542-545				

○ **청주시(청원)** (적설심 34cm, 풍속 28m/s)

규격명	설계도·시방서 쪽 번호			규격명	설계도·시방서 쪽 번호		
	설계도면	시방서	자재내역		설계도면	시방서	자재내역
<연동비닐하우스>				<철재인삼재배시설>			
07-연동-1	36-52	53-59	60-63	07-철인-A	551	558	550
08-연동-1	66-78	79-85	86-89	07-철인-A-1	553	558	552
10-연동-1	91-106	107-112	113-115				
10-연동-2	117-133	134-139	140-143	<목재인삼재배시설>			
12-연동-1	145-162	163-168	169-173	13-목인-A	565	-	564
				13-목인-A-1	567	574	566
<단동비닐하우스>				13-목인-B	576	-	575
07-단동-1	175-176	213-216	230	13-목인-B-1	578	-	577
07-단동-2	177-178	213-216	231	13-목인-B-2	580	-	579
07-단동-3	179-180	213-216	232	13-목인-B-3	582	-	581
07-단동-4	181-182	213-216	233	13-목인-C	586	-	585
10-단동-1	183-184	213-216	234	13-목인-C-1	588	595	587
10-단동-2	185-186	213-216	235				
10-단동-3	187-188	213-216	236				
10-단동-4	189-190	213-216	237	<민간개발규격>			
07-단동-18	209-210	213-216	252	07-단동(민)-4	443-449	460-461	465
12-단동-1	211-212	226-229	253	08-단동(민)-1	495-499	505-506	507-511
				07-연동(민)-1	450-459	460-461	467-468
<광폭비닐하우스>				08-연동(민)-1	500-504	505-506	507-511
10-광폭-2	265-274	275-282	285-286	10-광폭(민)-1	470-474	485-487	488-489
				10-광폭(민)-2	475-479	485-487	490-491
<과수비닐하우스>				10-광폭(민)-3	480-484	485-487	492-493
07-포도-1	361-371	382-389	398-400				
10-포도-1	372-381	390-397	401-403				
08-감귤-1	405-417	418-425	426-428				
<간이버섯재배사>							
08-버섯-1	513-521	532-541	542-545				
08-버섯-2	522-531	532-541	542-545				

○ 청주시 (적설심 34cm, 풍속 28m/s)

규격명	설계도·시방서 쪽 번호			규격명	설계도·시방서 쪽 번호		
	설계도면	시방서	자재내역		설계도면	시방서	자재내역
<연동비닐하우스>				<철재인삼재배시설>			
07-연동-1	36-52	53-59	60-63	07-철인-A	551	558	550
08-연동-1	66-78	79-85	86-89	07-철인-A-1	553	558	552
10-연동-1	91-106	107-112	113-115				
10-연동-2	117-133	134-139	140-143	<목재인삼재배시설>			
12-연동-1	145-162	163-168	169-173				
				13-목인-A	565	-	564
<단동비닐하우스>				13-목인-A-1	567	574	566
07-단동-1	175-176	213-216	230	13-목인-B	576	-	575
07-단동-2	177-178	213-216	231	13-목인-B-1	578	-	577
07-단동-3	179-180	213-216	232	13-목인-B-2	580	-	579
07-단동-4	181-182	213-216	233	13-목인-B-3	582	-	581
10-단동-1	183-184	213-216	234	13-목인-C	586	-	585
10-단동-2	185-186	213-216	235	13-목인-C-1	588	595	587
10-단동-3	187-188	213-216	236				
10-단동-4	189-190	213-216	237				
07-단동-18	209-210	213-216	252	<민간개발규격>			
12-단동-1	211-212	226-229	253	07-단동(민)-4	443-449	460-461	465
				08-단동(민)-1	495-499	505-506	507-511
<광폭비닐하우스>				07-연동(민)-1	450-459	460-461	467-468
10-광폭-2	265-274	275-282	285-286	08-연동(민)-1	500-504	505-506	507-511
				10-광폭(민)-1	470-474	485-487	488-489
<과수비닐하우스>				10-광폭(민)-2	475-479	485-487	490-491
07-포도-1	361-371	382-389	398-400	10-광폭(민)-3	480-484	485-487	492-493
10-포도-1	372-381	390-397	401-403				
08-감귤-1	405-417	418-425	426-428				
<간이버섯재배사>							
08-버섯-1	513-521	532-541	542-545				
08-버섯-2	522-531	532-541	542-545				

○ 충주시 (적설심 26cm, 풍속 26m/s)

규격명	설계도·시방서 쪽 번호			규격명	설계도·시방서 쪽 번호		
	설계도면	시방서	자재내역		설계도면	시방서	자재내역
<연동비닐하우스>				<철재인삼재배시설>			
07-연동-1	36-52	53-59	60-63	07-철인-A	551	558	550
08-연동-1	66-78	79-85	86-89	07-철인-A-1	553	558	552
10-연동-1	91-106	107-112	113-115	07-철인-A-2	555	558	554
10-연동-2	117-133	134-139	140-143	07-철인-A-3	557	558	556
12-연동-1	145-162	163-168	169-173	13-철인-W	560	561	559
<단동비닐하우스>				<목재인삼재배시설>			
07-단동-1	175-176	213-216	230	13-목인-A	565	-	564
07-단동-2	177-178	213-216	231	13-목인-A-1	567	574	566
07-단동-3	179-180	213-216	232	13-목인-A-2	569	574	568
07-단동-4	181-182	213-216	233	13-목인-A-3	571	574	570
10-단동-1	183-184	213-216	234	13-목인-A-4	573	574	572
10-단동-2	185-186	213-216	235	13-목인-B	576	-	575
10-단동-3	187-188	213-216	236	13-목인-B-1	578	-	577
10-단동-4	189-190	213-216	237	13-목인-B-2	580	-	579
10-단동-5	191-192	213-216	238	13-목인-B-3	582	-	581
10-단동-6	193-194	217-219	239-240	13-목인-B-4	584	-	583
10-단동-7	195-196	217-219	241-242	13-목인-C	586	-	585
10-단동-9	199-200	217-219	245-246	13-목인-C-1	588	595	587
10-단동-10	201-202	220-225	247	13-목인-C-2	590	595	589
10-단동-11	203-204	220-225	248-249				
10-단동-12	205-206	220-225	250				
10-단동-13	207-208	220-225	251				
07-단동-18	209-210	213-216	252				
12-단동-1	211-212	226-229	253	<민간개발규격>			
<광폭비닐하우스>				07-단동(민)-4	443-449	460-461	465
10-광폭-1	255-264	275-282	283-284	08-단동(민)-1	495-499	505-506	507-511
10-광폭-2	265-274	275-282	285-286	07-연동(민)-1	450-459	460-461	467-468
<과수비닐하우스>				08-연동(민)-1	500-504	505-506	507-511
07-포도-1	361-371	382-389	398-400	10-광폭(민)-1	470-474	485-487	488-489
10-포도-1	372-381	390-397	401-403	10-광폭(민)-2	475-479	485-487	490-491
08-감귤-1	405-417	418-425	426-428	10-광폭(민)-3	480-484	485-487	492-493
<간이버섯재배사>							
08-버섯-1	513-521	532-541	542-545				
08-버섯-2	522-531	532-541	542-545				

10. 제 주 도

○ 서귀포시 (적설심 20cm, 풍속 40m/s)

규격명	설계도·시방서 쪽 번호			규격명	설계도·시방서 쪽 번호		
	설계도면	시방서	자재내역		설계도면	시방서	자재내역
<연동비닐하우스>				<철재인삼재배시설>			
07-연동-1	36-52	53-59	60-63	07-철인-A	551	558	550
				07-철인-A-1	553	558	552
10-연동-1	91-106	107-112	113-115	07-철인-A-2	555	558	554
10-연동-2	117-133	134-139	140-143	07-철인-A-3	557	558	556
12-연동-1	145-162	163-168	169-173	13-철인-W	560	561	559
				<목재인삼재배시설>			
<단동비닐하우스>				13-목인-A	565	-	564
				13-목인-A-1	567	574	566
10-단동-7	195-196	217-219	241-242	13-목인-A-2	569	574	568
07-단동-18	209-210	213-216	252	13-목인-A-3	571	574	570
				13-목인-A-4	573	574	572
12-단동-1	211-212	226-229	253	13-목인-B	576	-	575
				13-목인-B-1	578	-	577
				13-목인-B-2	580	-	579
<광폭비닐하우스>				13-목인-B-3	582	-	581
10-광폭-1	255-264	275-282	283-284	13-목인-B-4	584	-	583
10-광폭-2	265-274	275-282	285-286	13-목인-C	586	-	585
				13-목인-C-1	588	595	587
				13-목인-C-2	590	595	589
<과수비닐하우스>				13-목인-C-3	592	595	591
08-감귤-1	405-417	418-425	426-428	13-목인-C-4	594	595	593
				<민간개발규격>			
<간이버섯재배사>				10-광폭(민)-1	470-474	485-487	488-489
08-버섯-1	513-521	532-541	542-545				
08-버섯-2	522-531	532-541	542-545				

○ 서귀포시(성산) (적설심 22cm, 풍속 38m/s)

규격명	설계도·시방서 쪽 번호			규격명	설계도·시방서 쪽 번호		
	설계도면	시방서	자재내역		설계도면	시방서	자재내역
<연동비닐하우스>				<철재인삼재배시설>			
07-연동-1	36-52	53-59	60-63	07-철인-A	551	558	550
				07-철인-A-1	553	558	552
10-연동-1	91-106	107-112	113-115	07-철인-A-2	555	558	554
10-연동-2	117-133	134-139	140-143	07-철인-A-3	557	558	556
12-연동-1	145-162	163-168	169-173	13-철인-W	560	561	559
				<목재인삼재배시설>			
<단동비닐하우스>				13-목인-A	565	-	564
10-단동-6	193-194	217-219	239-240	13-목인-A-1	567	574	566
10-단동-7	195-196	217-219	241-242	13-목인-A-2	569	574	568
07-단동-18	209-210	213-216	252	13-목인-A-3	571	574	570
12-단동-1	211-212	226-229	253	13-목인-A-4	573	574	572
				13-목인-B	576	-	575
				13-목인-B-1	578	-	577
<광폭비닐하우스>				13-목인-B-2	580	-	579
10-광폭-1	255-264	275-282	283-284	13-목인-B-3	582	-	581
10-광폭-2	265-274	275-282	285-286	13-목인-B-4	584	-	583
				13-목인-C	586	-	585
				13-목인-C-1	588	595	587
<과수비닐하우스>				13-목인-C-2	590	595	589
08-감귤-1	405-417	418-425	426-428	13-목인-C-3	592	595	591
				13-목인-C-4	594	595	593
<간이버섯재배사>				<민간개발규격>			
08-버섯-1	513-521	532-541	542-545	10-광폭(민)-1	470-474	485-487	488-489
08-버섯-2	522-531	532-541	542-545				

○ 제주시 (적설심 20cm, 풍속 40m/s)

규격명	설계도·시방서 쪽 번호			규격명	설계도·시방서 쪽 번호		
	설계도면	시방서	자재내역		설계도면	시방서	자재내역
<연동비닐하우스>				<철재인삼재배시설>			
07-연동-1	36-52	53-59	60-63	07-철인-A	551	558	550
				07-철인-A-1	553	558	552
10-연동-1	91-106	107-112	113-115	07-철인-A-2	555	558	554
10-연동-2	117-133	134-139	140-143	07-철인-A-3	557	558	556
12-연동-1	145-162	163-168	169-173	13-철인-W	560	561	559
				<목재인삼재배시설>			
<단동비닐하우스>				13-목인-A	565	-	564
10-단동-7	195-196	217-219	241-242	13-목인-A-1	567	574	566
07-단동-18	209-210	213-216	252	13-목인-A-2	569	574	568
				13-목인-A-3	571	574	570
12-단동-1	211-212	226-229	253	13-목인-A-4	573	574	572
				13-목인-B	576	-	575
				13-목인-B-1	578	-	577
<광폭비닐하우스>				13-목인-B-2	580	-	579
10-광폭-1	255-264	275-282	283-284	13-목인-B-3	582	-	581
10-광폭-2	265-274	275-282	285-286	13-목인-B-4	584	-	583
				13-목인-C	586	-	585
				13-목인-C-1	588	595	587
<과수비닐하우스>				13-목인-C-2	590	595	589
08-감귤-1	405-417	418-425	426-428	13-목인-C-3	592	595	591
				13-목인-C-4	594	595	593
<간이버섯재배사>				<민간개발규격>			
08-버섯-1	513-521	532-541	542-545	10-광폭(민)-1	470-474	485-487	488-489
08-버섯-2	522-531	532-541	542-545				

○ 제주시(고산) (적설심 20cm, 풍속 40m/s)

규격명	설계도·시방서 쪽 번호			규격명	설계도·시방서 쪽 번호		
	설계도면	시방서	자재내역		설계도면	시방서	자재내역
<연동비닐하우스>				<철재인삼재배시설>			
07-연동-1	36-52	53-59	60-63	07-철인-A	551	558	550
				07-철인-A-1	553	558	552
10-연동-1	91-106	107-112	113-115	07-철인-A-2	555	558	554
10-연동-2	117-133	134-139	140-143	07-철인-A-3	557	558	556
12-연동-1	145-162	163-168	169-173	13-철인-W	560	561	559
				<목재인삼재배시설>			
<단동비닐하우스>				13-목인-A	565	-	564
10-단동-7	195-196	217-219	241-242	13-목인-A-1	567	574	566
07-단동-18	209-210	213-216	252	13-목인-A-2	569	574	568
				13-목인-A-3	571	574	570
12-단동-1	211-212	226-229	253	13-목인-A-4	573	574	572
				13-목인-B	576	-	575
				13-목인-B-1	578	-	577
<광폭비닐하우스>				13-목인-B-2	580	-	579
10-광폭-1	255-264	275-282	283-284	13-목인-B-3	582	-	581
10-광폭-2	265-274	275-282	285-286	13-목인-B-4	584	-	583
				13-목인-C	586	-	585
				13-목인-C-1	588	595	587
<과수비닐하우스>				13-목인-C-2	590	595	589
08-감귤-1	405-417	418-425	426-428	13-목인-C-3	592	595	591
				13-목인-C-4	594	595	593
<간이버섯재배사>				<민간개발규격>			
08-버섯-1	513-521	532-541	542-545	10-광폭(민)-1	470-474	485-487	488-489
08-버섯-2	522-531	532-541	542-545				

본 자료는 『원예특작시설 내재해 기준』이 농림축산식품부 고시 제2014-78호에 의해 개정 고시됨에 따라 그 내용을 정리 수록하고, 각 지역별 적용 가능한 내재해 시설 규격 목록을 『원예특작시설 내재해형 규격 설계도·시방서』의 해당 쪽 번호와 함께 표시하여 정리한 것입니다. 해당 기술에 대한 문의사항은 농촌진흥청 국립농업과학원 재해예방공학과로 문의하여 주시기 바랍니다.

편집총괄 : 국립농업과학원 농업공학부장 이용범
편 집 : 국립농업과학원 재해예방공학과장 김학주
          김병갑, 김유용, 염성현, 윤남규

- 국립농업과학원 재해예방공학과 : ☎ 063-238-4150, 4152

※ (사)한국농업시설협회(자재 내역 및 시설단가 문의) : ☎ 02-417-8651

지역별 내재해 규격 적용 목록

초판 인쇄 2015년 05월 19일
초판 발행 2015년 05월 22일
저자 농촌진흥청 국립농업과학원
발행인 김갑용
발행처 진한엠앤비
주소 서울시 서대문구 독립문로 14길 66 210호
   (냉천동 260, 동부센트레빌아파트상가동)
전화 02) 364 - 8491(대) / 팩스 02) 319 - 3537
홈페이지주소 http://www.jinhanbook.co.kr
등록번호 제313-2010-21호 (등록일자 : 1993년 05월 25일)
ⓒ2015 jinhan M&B INC. Printed in Korea

ISBN 979-11-7009-059-5 (93520)   [정 가 : 23,000원]

☞ 이 책에 담긴 내용의 무단 전재 및 복제 행위를 금합니다.
☞ 잘못 만들어진 책자는 구입처에서 교환해드립니다.
☞ 본 도서는 「공공데이터 제공 및 이용 활성화에 관한 법률」을 근거로 출판되었습니다.